U0139108

凝煉知識品味閱讀

餐飲創業成本控制與管理

第三版

鄭凱文 著

五南圖書出版公司 印行

自序

自吾人進入國立高雄餐旅大學（前身為國立高雄餐旅學院）從事教學工作以來，一直致力於商業課程的教授，例如：會計學、餐旅會計學、管理學、以及財務管理……等商業課程的教授。從事商業教育的過程中，除了設計多元化的教學活動外，亦致力於研發各式各樣的書面教材與數位教材，在與學生們的互動中，得到了許多教學上的樂趣與成就。

因為對於研發教材的熱愛，故吾人於民國104年度便申請了教育部的磨課師課程計畫（A類新星課程計畫），全臺灣共有247門課程申請，但最後僅54門課程獲得通過，通過率為22%，教學者很榮幸獲得通過的課程便為——「錢進未來——餐飲創業成本與管理」，這也是本書能夠產生的緣起與契機。在這門課程中，為了讓廣大的讀者，特別是毫無餐飲背景與成本概念的普羅大眾，都能夠從頭瞭解餐飲創業者所應具備的理念、態度與相關的成本知識，吾人盡量採用淺顯易懂的文字，搭配一目了然的圖示、條理分明的標題，來協助大家快速掌握重點，第一次餐飲創業就上手。

另外，為了讓諸位讀者能夠在瀏覽完課本各章節教材後，還能夠觀賞相關影片加深印象、迅速複習重點內容，本書亦詳列各章節內容影片（由教育部磨課師課程計畫補助所拍攝的影片），提供給相關領域教師參考及運用。在這邊特別感謝國立高雄餐旅大學的畢業校友——沈子傑、胡國緯、簡麗文、陳韋廷、李孟賢、劉仲耘、張家瑋的協助；以及國立高雄餐旅大學圖書資訊館、教學發展中心等單位的行政協助，才能夠排除萬難，順利完成各章節教材內容的拍攝。

最後，萬分感謝Thomas Chien簡天才師傅、福客來南北樓中餐廳黃福壽總經理、晶頂101餐廳邱武雄董事長、棗子樹蔬食餐飲連鎖張元棋總經理、以及葵米珍珠飲品黃延璋總監等五位餐飲創業家，願意無私地分享自身餐飲創業的經歷與經營管理哲學，並拍攝成影片，讓讀者們除了能夠掌握餐飲創業成本控制與管理的重點之外，還能夠體會餐飲創業的艱辛與成功關鍵。

唯有充分地吸取前人的經驗，才能看得更高、走得更遠，與大家共勉之。

鄭凱文 謹誌

2016.11

CONTENTS

目　錄

第一章

餐飲創業理念與態度

根據1111創業加盟網的統計，臺灣約有七成六的40歲以下上班族，都想要自己創業當老闆；而在創業品項部分，則以餐飲業的比例最高。當然，想要創業成功並沒有那麼簡單，競爭激烈的餐飲業尤其如此！但是有了創業的念頭，再加上正確的理念與態度，並做好完善的創業準備，一切都將變得有可能。

因此，在本章節中，我們將介紹大家不可不知的餐飲創業理念與態度，並讓學習者能夠做好創業前的準備，以運用正確的創業方式，成功打造自己的公司。透過這個章節，大家將可以：

1. 列舉餐飲業創業準備的三大要素。
2. 說明餐飲創業的七大理念與態度。
3. 列舉餐飲創業者應具備之專業能力。
4. 指出餐飲創業的四大方式。

本章綱要

一、餐飲業創業準備

二、餐飲創業理念與態度

三、餐飲創業者需具備之專業能力

四、餐飲創業的四種方式

一、餐飲業創業準備

許多師傅空有一番好廚藝，因此想要創業。但是要創業，光靠廚藝功夫是不夠的，創業所需的準備及成本，必須要有所規劃，才能有創業成功的機會。

換句話說，除了具備廚藝技術外，餐飲創業家在決定開始創業之前，要先了解整個創業準備的流程（如圖1-1）。從開始決定創業、接著要進行創業效益評估、再籌組創業團隊與命名、搜集資訊及練就專業技能、研擬創業計畫書、再規劃事業軟硬體環境，最後才可以開始展開創業行動，一步步具體化整體的事業構想。

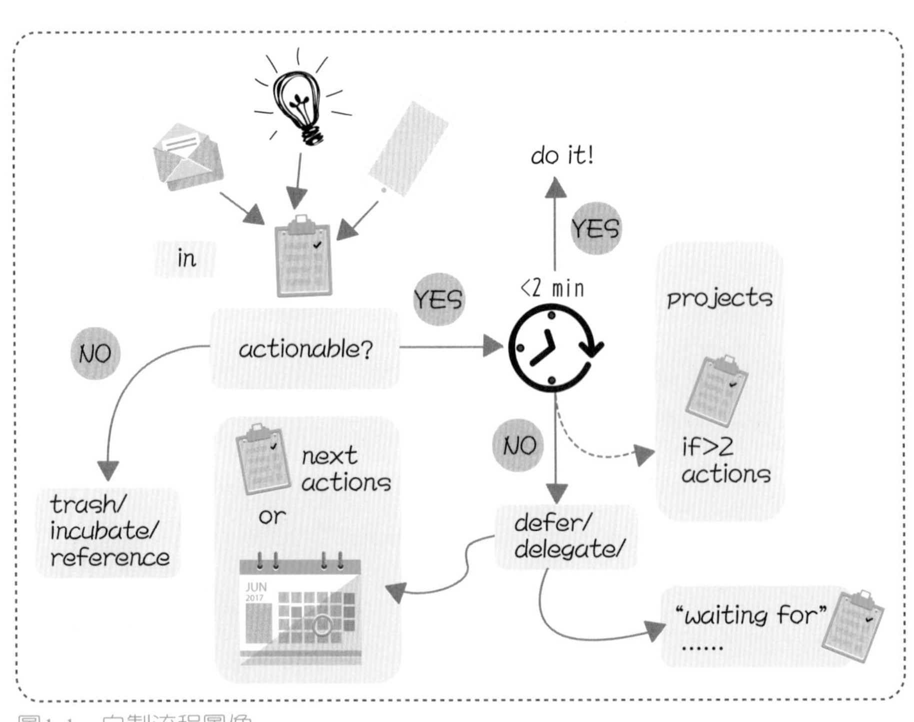

圖1-1　自製流程圖像

瞭解創業準備流程後，餐飲創業家還有不可不知的三大準備要素，分別爲：創業競爭優勢面的評估、營運或獲利模式的選擇，以及客層與商圈的選擇。

1. 創業競爭優勢面的評估

創業競爭優勢面的評估也就是市場面與競爭優勢面的評估準則。首先，在創建期及營運期間，創業計畫書的構想最好是能夠完整提出，並轉化爲產品內容，此外，產品的優勢、機會與定位也需要確定；其次，政府的資源也可以妥善利用，尋找合適的創業顧問諮詢，創業成功機會才能夠大大地提升；最後是，要開店非常簡單，花錢就行了，但投資總是希望能夠回收，回收也要仔細地計算回收時程，在評估的階段不能盡想一些美好的事，也要思考清楚萬一營業不如預期的停損點，因爲一旦決定創業就必須停看聽多評估，創業後用心經營才能夠快快獲利喔！

2. 營運或獲利模式的選擇

每個餐飲創業家在創業前，均需先思考一些基本的營運問題，例如：自己要開什麼類型的小吃店？店怎麼營業？每個月有多少營業成本和利潤？這家店適合開在哪一種類型的商圈中？店鋪坪數需要多大？租金成本大約多少？每天可以做出多少營業額？要用幾位員工？薪資費用需要多少？每個月水電及瓦斯費用要花多少？……之類的問題，收入扣除成本、費用之後，才是餐飲創業可以辛苦賺得的稅前獲利。這些營運相關事項的假設、營運數據的預估，就是營運獲利模式。

餐飲創業者在創業時必須先將營運或獲利模式想清楚，這是創業前的必要準備。相關的營運事項檢核表如表1-1、圖1-2所示：

表1-1　營運事項檢驗表

項目	預估費用
商圈類型	?
店鋪坪數	?
租金成本	?
每日營業額	?
毛利率	?
員工數	?
薪資費用	?
水電瓦斯費	?

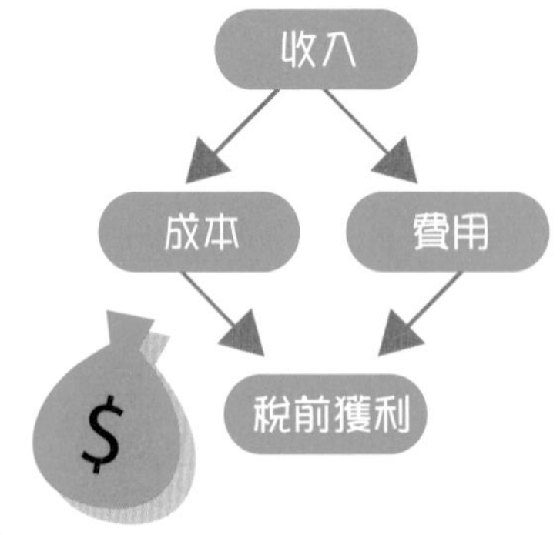

圖1-2　營運數據的預估

3. 客層及商圈的選擇

最後要考慮的一個要素便是「客層及商圈的選擇」。餐飲創業家如果不事先想清楚自己的餐廳適合於哪一種商圈，還有要吸引的是哪一種客層的話，就好像是在臺北士林夜市開歌舞廳一樣，實在很難想像會有幾個人上門。除此之外，在客層及商圈的選擇方面，由於平日及假日的各個時段，均會有不同的族群，故亦應一併考慮。另外，客層及商圈的評估尚需包含人口數、文化以及消費水平……等。如果地點位於消費水準高的地段，那麼商品售價也有可能隨之訂高，即使相關成本相當的低廉。如圖1-3。

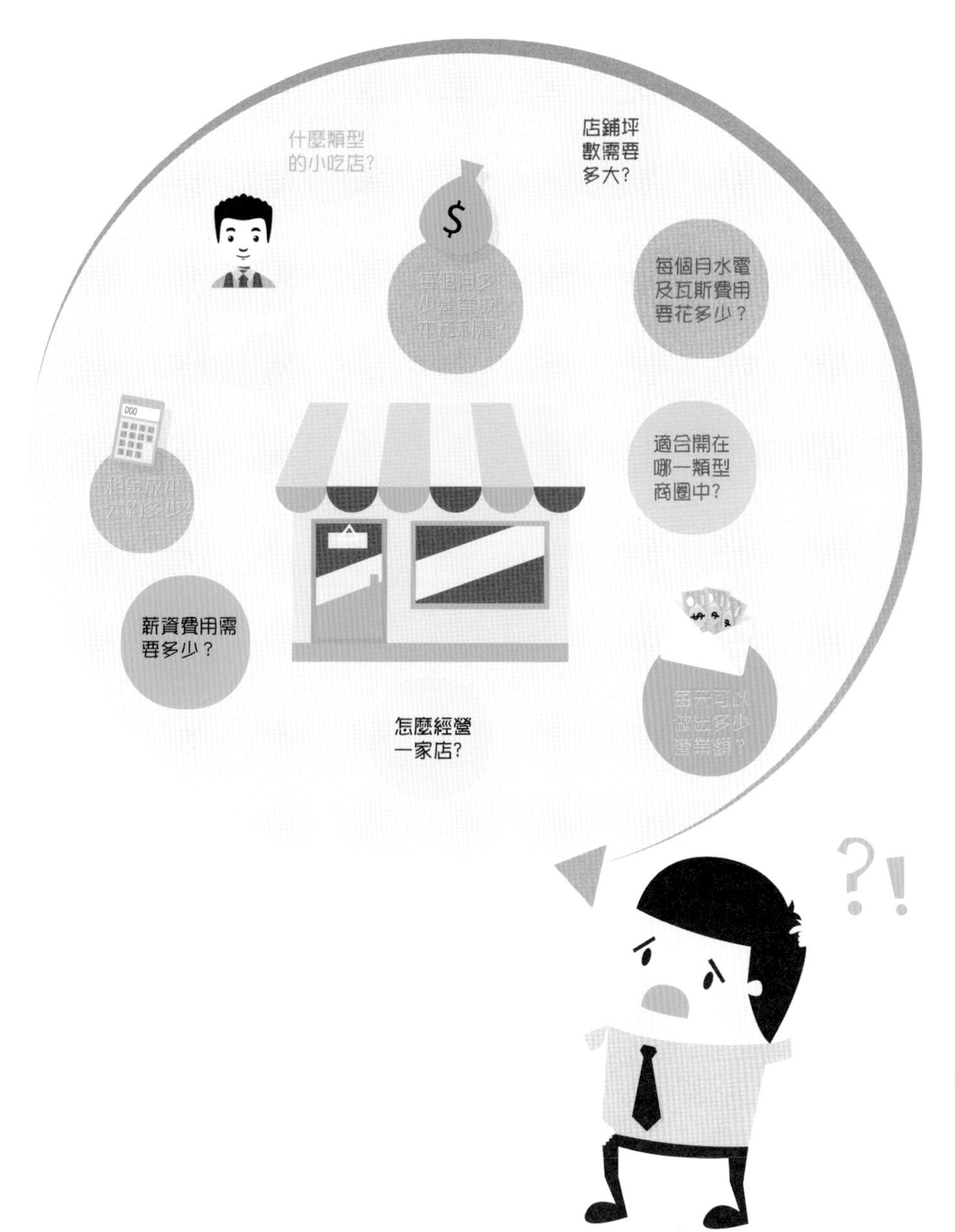

圖1-3　餐飲創業家創業時應思考的各種問題

老實說，開一間餐廳要思考的面向眞的很多，但做好事前的準備，就可以大量的減少創業失敗的可能性喔！

二、餐飲創業理念與態度

餐飲創業相當競爭，許多創業的人一開始興致高昂，但是最後卻虎頭蛇尾、不了了之，所以在展開創業行動之前，千萬要先想清楚才行。除了具備良好的廚藝技術外，餐飲創業者在創業前就應該先建立七個正確的理念與態度，才能提高成功的機率。其中包括：

1. 要能吃苦當吃補

創業一開始總是很辛苦，所以一旦決定創業千萬不要怕吃苦，如圖1-4。

圖1-4　吃苦當吃補

2. 要有相關背景經驗

餐飲創業者在創業前最好曾有類似的職場經驗，或是有相關經驗的親朋好友可以隨時請教。

3. 要能親力親為

很多餐飲創業家都是從小店開始，再慢慢擴大規模，不是一蹴可幾的，所以一定要放下身段，什麼事都親力親爲，如圖1-5，態度才是決定事業能不能成功的重要因素。

圖1-5　親力親為

4. 要堅持食材的品質

現今的客人是十分挑剔的，若食材品質不夠新鮮，客人覺得不夠好吃，下次可能就不來了，所以要對食材品質有所堅持，如圖1-6。

要堅持食材的品質

圖1-6　堅持食材品質

5. 要注重產品的創新

現今餐飲業的複製能力強勁，若創業者不注重產品的創新，自身的產品即使原本有特色，也很容易被複製與取代，事業當然無法永續經營。

6. 要有行銷規劃與執行

光是有好的產品還是不夠的，只有好的產品卻沒有好的行銷是無法成功的，行銷的規劃及執行與餐飲創業成功與否具有密切的聯繫，如圖1-7。而且行銷是永無止盡的，不能因為營業狀況不錯就忽略，在現實環境中網路行銷的預算比例也愈來愈高，這是一個不能忽視的事實。

圖1-7　行銷規劃與執行

7. 要有管理的敏銳度與專業度

餐飲創業者必須對其產品有相當的敏銳度與專業度，不管是對產品的銷售還是成本管控的狀態，才不致於賺錢還是虧錢，自己都搞不清楚。

餐飲創業市場瞬息萬變，每天都有餐廳開幕，相對的每天也都有餐廳倒閉關門。所以在創業的每個階段都必須面對不同的挑戰，才能在最後殺出重圍，成爲領導品牌。

三、餐飲創業者需具備之專業能力

前面有提到，餐飲創業時要考量的事情非常複雜，不是只是簡單的具備良好廚藝就夠了，所以如果能在創業前就做好創業的準備並加以妥善規劃，相信一定可以避免經營不善的情況發生。一般而言，餐飲創業者至少需具備以下六大專業能力，分別如下：

1. 創業者應具有餐飲背景相關經驗

餐飲創業者若能先就業，擁有相關經驗後，創業成功的機率較高。故餐飲創業者可以先找各縣市地方的職訓中心，先行加強或培養技術面能力。

2. 資金籌措能力

開餐廳應該要有充足的資金，若餐飲創業家籌措資金的能力不足，將會導致投資金額低，競爭力亦隨之減弱。目前有青輔會的青年創業貸款、勞委會的微型創業鳳凰貸款，或各縣市的政策性貸款……等可以申請，但是，最好是自有資金要足夠，後續靈活的資金運用才是最重要。

3. 要有四心二力

更重要的是餐飲創業家要有四心——熱心、耐心、用心及旺盛的企圖心，以及二力——體力和毅力。餐飲業是很辛苦的行業，要對其從事的行業有熱心，對客戶要抱持著用心和愛心服務的態度，正確的心態是創業家相當重要的特質。

4. 整合供應商及成本控管的能力

整合供應商可以讓食材取得的成本比較低，對於店面經營有很大的幫助，除此之外，餐飲創業者對產品有需求時，也可以尋找適合的供應廠商協助開發。另外，餐飲業對於成本的控管也會影響創業的成功率，必須詳加注意。

5. 行銷整合能力

所謂的整合能力是指像企業折扣活動、貴賓卡、異業結盟，或是媒體公關及行銷整合的能力。餐飲資源可以與異業策略相整合，而媒體報導方面，有很多報章雜誌都會介紹創業的成功個案，因此創業者可以寫下自己的創業故事連繫媒體，主動出擊爭取更多的曝光機會，成功機率才會提高。

6. 確立定位及對產品的堅持

這裡說的定位包含有市場定位以及產品定位。市場定位指的是對目標消費者的選擇；而產品定位指的是餐飲創業者應該用什麼樣的產品來滿足目標消費者的需求。除此之外，一旦確立定位後，也要持續地堅持產品品質，並虛心接受他人的意見，才能不斷地創新和研發。

四、餐飲創業的四種方式

餐飲創業的方式主要有以下四種：

1. 舊瓶裝新酒。
2. 產品的翻新。
3. 營業時段的彈性搭配。
4. 為顧客提供簡便的商品選擇。

接下來將一一說明，如圖1-8：

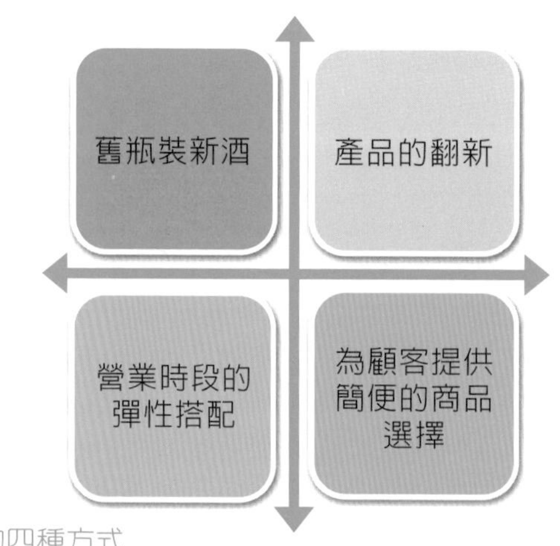

圖1-8 餐飲創業的四種方式

1. 舊瓶裝新酒

首先第一種創業方式是舊瓶裝新酒，係指將常見的飲料、甜點、臭豆腐、滷味……等熟悉的口味及口感，經過現代化乾淨明亮的裝潢，搭配舒適的用餐環境及多元的吃法，讓消費者有耳目一新的感受。這樣的做法確實會吸引許多消費者的目光，也讓這種的組合有了更多成功的機會，這樣的思維是餐飲創業方式中最常見的手法。以某臭豆腐店為例，將單純的臭豆腐變化為多種菜單及吃法，分為麻辣臭豆腐、鴨血臭豆腐、腸旺臭豆腐、海鮮臭豆腐……等，並有舒適的店面裝潢便是其成功的原因之一。

2. 產品的翻新

從產品上下功夫的創業方式也有成功的案例，例如：熔岩爆漿蛋糕將熱巧克力、熱起司、冰淇淋與蛋糕結合搭配的手法，這都是讓腦筋稍微轉個彎就可再創造新流行的優質創意，當商品火熱後再順勢推出套裝禮盒更可以讓這樣的創業型態具有畫龍點睛效果。

3. 營業時段的彈性搭配

近來臺灣很多咖啡搭配輕食的早餐店或下午茶店（如圖1-9）紛紛冒出來，但可惜的是營業時間只侷限於早餐時段或午間時段。若能將這些營業時間作彈性的搭配，肯定會有不錯的成效。

圖1-9　咖啡搭配輕食的早餐或下午茶店

例如：不僅將早晨時段的早餐做好，還可以在下午茶時間吸引飲品外送及外帶的客層，六點之後便能打烊休息，如此一來，不僅能將兩個營業時段的優勢拉出來，更能妥善規劃店面的經營時間，則是另一種餐飲創業的方式。

4. 為顧客提供簡便的商品選擇

一般來說，繁複的餐點選擇與久候餐點會令顧客感到厭煩！實務上，商品介紹的口語用詞與菜單設計，若能設計得愈簡單亦會更加具有說服力；此外，在產品名稱的命名部分，也應讓顧客一眼就可得知此道餐點的材料、口感或產地等，如此，便可縮短商家的服務流程、節省消費者的寶貴時間，並進一步增加餐飲主要時段營收的機會。

(　　) 1. 請問創業準備三大要素指的是下列哪些？

(A)創業競爭優勢面的評估　(B)營運獲利模式的選擇

(C)客層及商圈的選擇　(D)行銷策略與規劃的選擇

(　　) 2. 鄭美麗想創業，你認為她應該在創業前先建立下列哪些正確的理念與態度，才能提高成功的機率？

(A)要能親力親為　(B)要將事情分派下屬

(C)要對食材品質堅持　(D)要注重產品的創新

(　　) 3. 你認為下列哪一種人較有可能創業成功呢？

(A)害怕嘗試的保守主義者　(B)理想化的浪漫主義者

(C)吃苦當吃補的苦幹實幹者

(　　) 4. 請問餐飲創業者須具備下列哪些專業能力？

(A)企業管理相關背景經驗

(B)資金籌措能力

(C)整合供應商及成本控制能力

(D)危機處理能力

(　　) 5. 想要創業的鄭美麗，常利用用餐時間到處實地考察一些餐館，體驗實地消費的臨場感，你認為她這麼做正確嗎？

(A)對　　(B) 錯

(　　) 6. 請問在菜單研發的五大考量中，哪一項是開店的原始考量？

(A)設備共用性　　(B) 食材共通性

(C)量產量銷的合理性　　(D) 市場接受度

(E)與品牌文化的契合度

(　　) 7. 根據國內外研究顯示，下列哪些是影響創業家事業成敗的關鍵？

(A)家庭經濟環境　　(B) 人格

(C)心理特質　　(D) 親朋好友

(　　) 8. 創業競爭優勢面的評估，指的是市場面與競爭優勢面的評估準則，包含下列哪些工作項目呢？

(A)計算投資回收　　(B) 撰寫創業計畫書

(C)行銷的策略與規劃　　(D) 運用政府資源

(　　) 9. 創業前就應該先建立下列哪些正確的理念與態度，才能提高成功的機率？

(A)要能見好就收

(B)要能吃苦當吃補

(C)要對食材品質堅持

(D)要有管理的敏銳度與專業度

( ) 10. 當創業成功後接下來面對的隱憂就是追隨者進入市場，所以在創業的每個階段都必須迎接不同的挑戰，才能在最後殺出重圍，成為領導品牌。

(A)是　(B)非

( ) 11. 在創業前，創業者必須先評估下列哪三項重要的條件呢？

(A)資金　(B)人格

(C)人際能力　(D)工作時間

( ) 12. 某咖啡店的店員前一天晚上在清洗咖啡機時，因一時疏忽忘記將加入的濃縮清潔劑沖洗掉，隔天早上營業時遂將咖啡豆直接加入咖啡機並販售，因此造成購買的客人身體不適回店申訴。請問此種情況突顯出創業者須具備下列哪一項專業能力？

(A)餐飲相關背景經驗　(B)資金籌措能力

(C)危機處理能力　(D)網路行銷能力

( ) 13. 請問為了因應季節的交替，面對食材產季的短缺，以新菜單來讓菜單更具吸引力，這是屬於菜單研發的哪一項目呢？

(A)吸引新客層　(B)滿足客人新鮮感

(C)季節時令必須性　(D)業績需求

(　　) 14. 阿麗小吃店每天的來客數固定，而且消費客單價也很固定時，於是石二少藉由新菜單推出讓來客消費單價適度拉高。請問他的做法是屬於菜單研發的哪一項目呢？

(A) 掌握新趨勢創造話題　(B) 業績需求

(C) 人力需求降低人事費用　(D) 成本考量的借屍還魂

(　　) 15. 阿棻昨天和朋友到鄧園小吃吃晚餐，這家店正推出一項新產品：現場手工製作披薩，阿棻興沖沖的點了這道菜，沒想到卻等了半小時才出餐。請問，這家小吃店在研發這一項新菜單時，缺乏下列哪一項考量？

(A) 設備共用性　(B) 食材共通性

(C) 量產量銷的合理性　(D) 市場接受度

(　　) 16. 阿玉開設了一家傳統小吃店，店內販售肉燥飯，小菜和各式魚丸湯。他發現有機市場蓬勃，於是想為小吃店加入新菜單高價位「新鮮有機火鍋」。請問，他的新菜單研發時缺乏了下列哪些考量呢？

(A) 設備共用性　(B) 食材共通性

(C) 量產量銷的合理性　(D) 市場接受度

(E) 與品牌文化的契合度

(　　) 17. 韋廷考慮只經營早餐店，麗文建議他改變經營時段，不僅將早晨時段的早餐做好，在下午時間吸引飲品外送外帶的客層，六點之後便能打烊休息。請問麗文的建議是屬於創業四大方式的哪一種呢？

(A) 舊瓶裝新酒

(B) 產品的翻新

(C)營業時段的彈性搭配

(D)為顧客提供簡便的商品選擇

(　　) 18. 讓腦筋稍微轉個彎就可以創造的潮流的優質創意，是指創業四大方式的哪一項呢？

(A)舊瓶裝新酒

(B)產品的翻新

(C)營業時段的彈性搭配

(D)為顧客提供簡便的商品選擇

(　　) 19. 下列何者為確立定位及對產品的堅持的配對選項？

(A) 了解和堅持產品品質，並虛心接受他人意見

(B) 熱心、耐心、用心、企圖心、體力和毅力

(C) 先就業再創業成功機率較高

(D) 後續靈活的資金運用才是最重要的

第二章

餐飲業創業資金需求與規劃

前一個章節裡，本書提到了餐飲創業者應具備的理念與態度，在這一個章節裡，我們開始針對創業資金的部分進行討論。大部分的餐飲創業者都不是在資金充裕的情況下創業，即使是背後有足夠的資金支持，也不能夠毫無規劃的浪費，其花費的每一分錢都必須有所考量及回報，特別是在創業還不穩定的初期階段，資金的準備及開支則是要謹慎考慮的第一關，稍有差錯就會影響事業的成敗。

因此，在這一個章節裡，我們將引導讀者先「確定資金需求」，接著再學習如何進行「餐飲創業資金的規劃」，以幫助大家做好創業資金的籌備與規劃，為創業邁出成功的第一步。

透過這個章節，您將可以：

1. 列舉確定資金需求四步驟。
2. 指出餐飲創業所需的各項支出與需求。

本章綱要

一、餐飲業創業資金需求
二、餐飲業創業資金規劃

一、餐飲業創業資金需求

眾所周知，餐飲創業並不是有足夠的資金就一定會成功，資金的來源和運用都很重要，在餐飲創業之初，準備創業資金要注意的地方很多。首先要注意的便是讓餐飲創業者可以快速確認資金需求的兩個步驟，分別是：

1. 確定餐飲創業目標。
2. 檢視創業者個人的財務狀況。

1. 確定餐飲創業目標

餐飲創業目標（如圖2-1）不同，所面臨的需求自然也不一樣，只有慢慢釐清未來的藍圖，才能確定背後眞正的資金需求。例如：餐飲創業者所選擇的行業類型、規模大小和創業形式有所不同，接下來面臨的需求自然也不一樣，懂得釐清創業藍圖，確定背後的資金需求，才是創業成功的第一步！

圖2-1　確定餐飲創業目標

2. 檢視餐飲創業者個人的財務狀況

在這個步驟下，餐飲創業者需要先盤點自己手上的現金、並仔細評估自己的資產及負債。閒置的現金可以直接用來投入創業；土地、房屋、廚具設備……等不動產則可作爲抵押物，向銀行申請貸款；至於負債這一項，如果原本已有負債存在，那麼因爲創業可能再增加的負債額度最好要仔細評估，記得不要向銀行貸款太多，以免讓餐廳的利息成本負荷太重。

如果創業者評估過後，財務狀況不佳，理想與現實出現很大差距時，就必須重新評估原先的創業目標，必要時，縮小目標或者延後計畫都是一種方法。

在這個階段下，餐飲創業者需要先釐清自己的資產與負債，並搭配自己第一個階段所設立的創業目標，如果創業者欲設立的是規模較小的小吃店，那麼需要準備的自有資金便可以少一點，但是若要加盟頗具規模的連鎖餐飲業者，資金需求可能就會比較大了！一般而言，自有資金至少準備五成以上，如果能夠準備到七成資金就更加理想了。

所以透過檢視餐飲創業者個人的財務狀況（如圖2-2），創業者才可以瞭解自己的資金規劃方向，如果財務狀況良好，自有資金至少要準備五到七成；假如財務狀況不佳，則必須重新評估創業目標，考慮是否縮小目標或是延後計畫。畢竟創業資金充分規劃好，創業才能行得通！

二、餐飲業創業資金規劃

前一個小節所介紹的是確認餐飲創業資金需求的兩個步驟。接下來本小節要介紹的便是餐飲業各項創業資金的規劃（如圖2-3），以及創業資金的靈活調度等後續兩個步驟。

檢視個人財務狀況

- 先盤點自己手上的現金
- 是否有閒置現金可以用來投入創業
- 是否有土地、房屋等不動產可以用來當作抵押物，向銀行申請貸款
- 原先是否已經有負債，負債額度需要仔細評估

佳	不佳
↓	↓
自有資金至少要準備五成以上，能夠到七成資金就更理想	重新評估創業目標

圖2-2　檢視個人財務狀況

步驟1	確定創業目標
步驟2	檢視個人財務狀況
步驟3	餐飲業各項創業資金的規劃
步驟4	餐飲創業資金的靈活調度

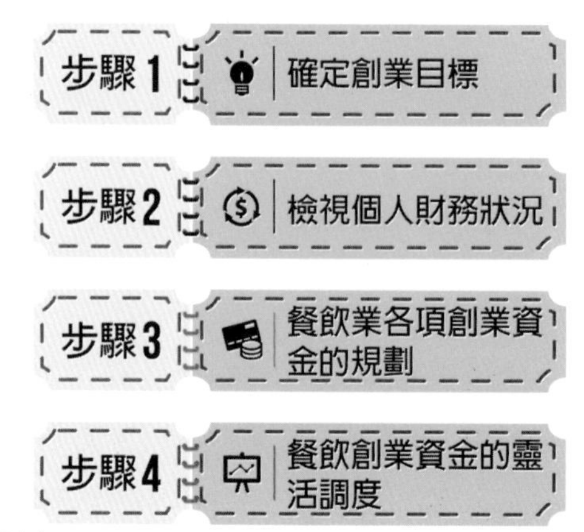

圖2-3　創業資金規劃

1. 餐飲業各項創業資金的規劃

「餐飲業各項創業資金的規劃」與「預估創業的各種需求與費用」息息相關。整體來說，在餐飲創業初期，每件事均要詳細地記錄下來，特別是在評估需求及估計費用方面，把估計費用條列化可以更清楚計畫要如何進行，另一方面也能視情況做適當的調整與刪減，只要是大筆的支出，例如：承租辦公室、雇用員工……等；小筆的支出像添購文具、公司傳單；或是有形的購買設備、電腦周邊產品、無形的員工福利……等，樣樣要花錢，不得不仔細的盤算！！

另外，詳細的費用預估表（如表2-1）還可以分門別類，看是「初期投入的一次性費用」還是「未來每月投入的固定費用」。一次性的費用需要仰賴長期營運的績效來回收；而固定費用則必須靠每月的收入來支付。詳細列明各項費用的預估，能省則省，盡量不要做不必要的浪費與支出。

表2-1　創業費用評估表

初期投入的一次費用		未來每月投入的固定費用	
裝潢費	$xxxx	店租費	$xxxx
押金	xxxx	人事費	xxxx
設備器材費	xxxx	原物料費	xxxx
申辦登記費	xxxx	水電和電話費	xxxx
		應付本金及利息	xxxx
預估開辦費用	$xxxx	預估每月固定支出	$xxxx

2. 餐飲創業資金的靈活調度

有時候餐飲創業的成功關鍵並不全然在於充足的資金，而是在於創業者懂不懂得靈活調度（如圖2-4），不隨便浪費資金固然是非常重要的環節，但要怎麼賺錢？要如何還錢？讓手頭上有限的資金滾動起來，才是永續經營的關鍵。

圖2-4　創業資金的靈活調度

聰明的創業者都知道靈活調度資金的重要性，因爲，控管好資金不單單可以少花冤枉錢，還能左右創業資金準備的多寡。在研讀完這個章節後，相信餐飲創業者便會先確定餐飲創業目標，再仔細的檢視自己的財務狀況，和詳列創業資金的規劃，並認眞思考如何活用資金，才能大幅增加自己創業成功的機會！！

(　　) 1. 上班族阿文打算辭掉工作開一家小吃店，請問阿文想要快速確認資金需求的第一步該怎麼做呢？（單選題）

(A) 預估各種費用和需求　　(B) 確定創業目標

(C) 檢視個人財務狀況　　(D) 資金調度要靈活

(　　) 2. 廷軒已經確定創業目標，他想要開一家蚵仔麵線小吃店，接著他必須檢視個人財務狀況。請問在這個步驟他需要做哪些事呢？（複選題）

(A) 建立可借貸的親友名單　(B) 盤點手上的現金

(C) 仔細評估資產及負債　(D) 行銷的策略與規劃

(　　) 3. 廷軒檢視個人財務狀況後，開始預估開蚵仔麵線小吃店所需的各種費用與需求，他應該怎麼做呢？（單選題）

(A) 大約估算需求及費用，邊做邊調整費用，彈性較大

(B) 紀錄評估需求及估計費用相關事項並將估計費用條列化

(　　) 4. 靠著貸款，廷軒圓了他的創業夢，蚵仔麵線小吃店開業至今已經半年，靠著獲利他也存了一筆現金。請問這筆錢做下列哪一種用途最適當呢？（單選題）

(A) 盡快還清貸款　(B) 重新裝潢店面

(C) 擴增小吃店的店面　(D) 轉投資基金或股票

(　　) 5. 阿麗現在需要一筆十萬元的周轉金，她想向好友淑青借錢，請問關於開立借據，她應該怎麼做才正確呢？（複選題）

(A) 借據一式三份，由自己、對方及第三公證人各自留存

(B) 借據載明借款金額及雙方資料即可

(C) 由於是好友關係，阿美自行決定給予的利息

(D) 借據上載明借貸期限、償還日期和償還期限

(　　) 6. 阿美想要向銀行貸款三十萬來擴增店面，她希望銀行所核發之款項，可以達到她想要的額度。你認為她應該準備哪些擔保品呢？（複選題）

(A)土地

(B)房屋

(C)二位保證人

(D)二位信用足以擔保的保證人

(　　) 7. 有關創業者快速確認資金需求四步驟的敘述，下列何者正確？（複選題）

(A) 行業不同，投資金額不同，應確認行業以因應需求

(B) 需求大小影響成本高低

(C) 加盟企業從設備到進貨，樣樣靠自己，籌備過程較辛苦

(D) 確認資金需求的第一步是檢視個人財務狀況

(　　) 8. 曾子傑想要開一家小吃店，經過核算開業資金約要四十萬，他至少必須準備好多少資金呢？（單選題）

(A)自有資金五萬　　(B) 自有資金十萬

(C)自有資金十五萬　　(D) 自有資金二十萬

(　　) 9. 創業成功的永續經營關鍵在於下列哪一項呢？（單選題）

(A)資金充足　　(B) 資金調度靈活

(C)貴人相助

(　　) 10. 在預估各種費用和需求時，將估計費用條列化的好處有哪些呢？

(A)可更清楚計畫的進行

(B)可視情況進行調整或刪減

(C)方便會計做帳

(D)可節省紙張

第三章

餐飲創業資金來源

「募集資金」一向是開創新事業最關鍵的步驟，但到底有哪些管道可以募集資金呢？相信大部分的人都不是很清楚，所以透過這一個章節，您將可以：

1. 得知餐飲創業時小額集資、中額集資以及大額集資的資金管道來源。
2. 了解政府所推出的各項創業貸款資訊。

本章綱要

一、餐飲業創業資金來源

二、政府各項創業貸款

一、餐飲創業資金來源

許多餐飲創業家在創業夢想慢慢成形時，仍舊會面臨著資金募集上的困難。簡單的來說，創業資金的募集可以分為自有資金及外來資金兩種。一般人對自有資金較有概念，但是對於外來資金則是一知半解，到底有哪些管道可以募集資金呢？透過這個小節，將作詳細的說明。

自有資金大部分指的就是存款，而外來資金的來源就比較複雜，可能是向親友募集、申請銀行專案貸款，或者是政府的創業貸款……等等。假使以金額的大小來分類的話，可以分成小額集資、中額集資以及大額集資等三種方式。餐飲創業者可以根據自己的資金需求，選擇適當的集資方式。

1. 小額集資方式

一般來說，三十萬元以下的集資可以稱為小額集資（如圖3-1），因為所需金額較小，通常會向親朋好友借貸，並可分為兩種方式：

(1)單純借貸關係：在單純的借貸關係下，通常最好可以寫下借據一式三份、自己及對方留存一份，另外再找一位來當第三公證人。借據上，除了寫明借貸多少錢、借貸雙方的姓名及連絡方式外，更要將借貸期限多長、何時開始償還、多久償還完畢……等訊息載明清楚。至於利息，因為通常是親朋好友關係，所以雙方可以把利息協調到彼此都可以接受的限度。

(2)邀請親友合夥、入股：邀集親友一起合夥入股，可以降低借貸壓力，不過「利益分配」往往是合夥人最大的糾紛所在，因此以這種方式集資時，如處理不慎，有時反而會造成投資不成外還破壞親友關係。

圖3-1　餐飲創業的集資方式

2. 中額集資方式

如果是三十萬到一百萬元間的集資，可以稱爲中額集資（如圖3-1）。這種程度的集資方式，創業者可考慮向各銀行貸款。貸款時通常可分爲「有擔保者」以及「無擔保者」二種。

(1)有擔保者：「有擔保者」就表示要有房子、地契，或者是有兩個信用足以擔保的保人，來幫創業者擔保，這樣銀行所核發的款項，較有可能會達到創業者的期望。

(2)無擔保者：如果想申請的是無擔保的小額信貸，銀行只憑創業者的工作證明、薪資證明，以及以往的信用證明，相對說服力較爲不足，銀行在核發款項的時候，也比較不容易核發全額。

銀行貸款的種類和條件非常多，創業者到底選擇哪一家銀行比較好並無法一概而論，且每個創業者的條件和需求不同，如果要辦理銀行的專案貸款，面對銀行貸款多樣化的選擇，餐飲創業者應該要多方比較、找到最適合自己的方案才行！例如：創業者借貸的金額若只是想作爲短期週轉之用，那就要尋找年利率可接受，還款時程不會太緊的多家銀行來作評估與選擇。

3. 大額集資方式

至於超過百萬元以上的集資，便可稱爲大額集資方式。大額集資時，除了可向銀行借貸外，還可另外申請中央或是各縣市地方政府的政策性貸款，例如：由行政院青輔會主辦的青年創業貸款，或是各縣市政府提供的創業貸款！如美吾髮的李成家先生、宏碁電腦的施振榮先生（如圖3-2）、長頸鹿美語的魏忠香先生……等，都是透過這些政策性貸款來順利創業的！尋求創

圖3-2　宏碁電腦施振榮先生

業資金來源的管道其實非常多，創業家應多方謹慎評估方可。

二、政府各項創業貸款

政府各中央部會及各縣市政府均有配合政府政策推出各項創業貸款，本小節便是針對政府所推出的各項創業貸款作一個簡要的介紹。

1. 青年創業及啟動金貸款

首先要介紹的是青年創業及啟動金貸款，這項貸款是由經濟部中小企業處所辦理，目的是爲了協助青年開創事業，創造就業機會而設置的，很適合青年創業家來申請。申請人可填具創業貸款計畫書及檢具相關文件向承貸金融機構提出申請，再由承貸金融機構依一般審核程序來看是否可核貸。其相關規定如下：

(1)申請資格：依法辦理公司、商業、有限合夥登記或立案未滿五年之事業，符合下列條件者，得以負責人或事業體名義，擇一提出申貸；如事業體負責人爲外國人，應以事業體名義申貸：

① 負責人須年滿二十歲至四十五歲。

② 負責人爲中華民國國民者，應於我國設有戶籍，並於三年內受過政府認可之單位開辦創業輔導相關課程至少二十小時或取得二學分證明；負責人爲外國人者，應取得我國政府核發之創業家簽證或就業金卡。

③ 以負責人名義申貸者，負責人之出資額應占該事業體實收資本額百分之二十以上，屬立案事業無出資額登記者不受此限。

(2)資金額度：由承貸金融機構依創業貸款計畫書或申請表評

估，各創業階段貸款得分次申請及分批動用，惟不得循環動用且不得借新還舊，其額度規定如次：

①準備金及開辦費用方面：事業籌設期間至該事業依法完成公司、商業登記或立案後八個月內申請所需之各項準備金及開辦費用，貸款額度最高爲新臺幣二百萬元，得分次申請及分批動用。

②週轉性支出：營業所需週轉性支出，貸款額度最高爲四百萬元，得分次申請及分批動用。

③資本性支出：爲購置（建）廠房、營業場所、相關設施，購置營運所需機器、設備及軟體等所需資本性支出，貸款額度最高爲一千二百萬元，得分次申請及分批動用。

若還有其他的問題，也可直接打免付費電話至經濟部中小企業處馬上解決問題中心詢問。電話是：0800-056-476，查詢網站則爲：

⑴青年創業及啓動金貸款專區-快速連結-經濟部中小企業處
https://www.moeasmea.gov.tw/article-tw-2570-4238

⑵青年創業及啓動金貸款要點（中華民國110年8月9日中企財字第 11009002930號令修正）
https://www.moeasmea.gov.tw/files/4238/8484944C-3420-4006-83AA-1BD27112C1A8

其實創業資金的籌措並沒有想像中的那麼困難，只要創業者有心，許多政府推出的政策性貸款都可以申請。除了青年創業及啟動金貸款外，各縣市政府也陸續推出了各項融資貸款，像是：臺北市中小企業融資貸款、臺北市青年創業融資貸款、新北市幸福創業微利貸款、高雄市政府中小企業商業貸款及策略性貸款……等，只要創業者有好想法、好創意、再加上恆心跟毅力，資金絕對不是問題！

2. 臺北市中小企業融資貸款

接下來要介紹的是臺北市中小企業融資貸款，其相關條件如下：

(1)申請資格

①第一類：設籍本市之中華民國國民，年齡在二十歲以上六十五歲以下、經營符合商業登記法第五條規定得免辦理商業登記之小規模商業，在本市辦有稅籍登記且實際營業一年以上。

②第二類：符合中小企業認定標準第二條規定之公司、商業及有限合夥，依法完成設立登記於本市且實際營業一年以上。

③第三類：符合第二類資格並爲資通訊、生物科技、綠色能源、健康照護、文化創意、休閒與精緻農業、觀光旅遊或其他具有研發、設計、創意、特色等策略性產業。

(2)貸款貸放額度

第一類：最高爲新臺幣一百萬元。

第二類：最高爲四百萬元。

第三類：最高爲五百萬元，但第三類有下列情形之一者，最高得放寬至一千萬元。

①與國際企業進行國際分工、國際布局、技術合作、經營管理或行銷。

②引進國外高階技術或人才。

③投入品牌輔導或設計服務。

申請人於前次貸款還清後，經營正常且債票信良好者，得向產業局再次申請貸款。「臺北市中小企業策略性及創新升級融資貸款實施要點」廢止前，已依該要點向產業局申請並經核貸之貸款人，於貸款還清後，其經營正常且債票信良好者，得依前點規定申請本貸款。

(3)貸款期限：最長爲五年，含本金寬限期限最長一年；每月繳付本息一次，除寬限期外，本息按月平均攤還。貸放後，承貸金融機構得視個案實際需要調整期限與償還方式，不受前項規定限制。

(4)貸款利率：按中華郵政股份有限公司二年期定期儲金機動利率加年息百分之一點三二五機動計息。

相關網址如下：

臺北市中小企業融資貸款-貸款介紹、實施要點。（110年9月17日府產業科字第110302846941號令修正第16點並自110年9月28日生效）

https://www.easyloan.taipei/?md=index&cl=e_financing&at=ef_loan

3. 臺北市青年創業融資貸款

接下來要介紹的是臺北市青年創業融資貸款，其相關規定如下：

(1)申請資格

① 設籍本市一年以上，且年齡爲二十歲以上四十五歲以下之中華民國國民。

② 三年內曾參與政府創業輔導相關之課程達二十小時以上。

③ 經營事業具備下列條件之一者：

(A)符合商業登記法第五條規定得免辦理登記之小規模商業，在本市辦有稅籍登記未滿五年。

(B)符合中小企業認定標準第二條規定之公司、商業及有限合夥，依法完成登記未滿五年且登記地址須位於本市。

(2)貸款貸放額度：最高爲新臺幣二百萬元，用途以購置廠房、營業場所、機器、設備或營運週轉金爲限。但曾參加經產業局認可之獲獎獎項申請人，其貸放額度得提高至三百萬元。惟再次申請者，前述獎項應爲首次獲貸後所獲者。

(3)貸款期限：本貸款分無擔保貸款及擔保貸款，無擔保貸款期限最長爲五年，含本金寬限期限最長三年；擔保貸款期限最長爲七年，含本金寬限期限最長三年。除寬限期外，本金按月平均攤還。申請擔保貸款者，應提供十足擔保品；貸放後，承貸金融機構得視個案實際需要調整期限（含貸款及本金寬限期）與償還方式。

(4)貸款利率：按中華郵政股份有限公司二年期定期儲金機動利率加年息百分之零點五五五機動計息。

相關網址如下：https://www.easyloan.taipei/?md=index&cl=y_financing&at=yf_points

4. 新北市幸福創業微利貸款

關於新北市幸福創業微利貸款的相關規定如下：

(1)申請資格

① 設籍新北市四個月以上，且年齡爲二十歲以上六十五歲以下者。

② 符合中低收入資格者。

③ 所創或所營事業於本市未超過三年且具有下列條件之一：

(A) 依法設立公司登記或商業登記者。

(B) 符合商業登記法第五條規定得免辦理登記之小規模商業，且有稅籍登記者。

(C) 依法設立登記私立幼兒園、托嬰中心或短期補習班。

④ 申請人不得擔任二家以上企業之負責人。

(2) 貸款貸放額度：申請貸款總額度不得超過新臺幣一百萬元，已獲貸者得再次申請，再次申請以一次爲限。

(3) 貸款期間：首次申貸者：貸款之期間，最長爲七年（含寬限期一年，寬限期只繳付利息不攤還本金）。再次申貸者：本次貸款期間爲首次貸款起始日之第二年起至第七年，第七年期滿，再次申貸資格即失效，且貸款期間無寬限期。

(4) 貸款利率：首次申貸者及再次申貸者：其貸款利率，均按臺灣銀行定儲指數利率加計年息百分之零點五機動計息。

相關網址如下：https://happy.eso.ntpc.net.tw/cht/index.php?code=list&ids= 17

5. 高雄市政府中小企業商業貸款及策略性貸款實施要點

最後要介紹的是高雄市政府中小企業商業貸款及策略性貸款實施要點，其相關規定如下：

(1) 申請資格

① **第一類**：設籍本市已成年之中華民國國民，經營具本市稅籍登記之小規模商業或經核准設立之本市公有或民有

市場、攤販臨時集中場之合法攤（鋪）位使用人，且有實際營業事實。

② **第二類**：有實際營業之事實並於本市辦理公司、商業登記，或經本府核准設立許可之金融及保險業、特殊娛樂業以外之營利事業。

③ **第三類**：於本市辦理公司或商業登記之從事規劃設計及設置太陽光電系統之策略性產業。

④ **第四類**：裝置屋頂型太陽能光電設備於其所有建築物之設籍本市已成年且未逾六十五歲之中華民國國民。

⑵貸款貸放額度

① **第一類**：最高新臺幣一百萬元。

② **第二類**：最高新臺幣五百萬元。但有下列情形之一者，最高新臺幣一千萬元：

⒜進駐於本市由中央機關或本府核定建置之創業基地，如：數位內容創意中心（DAKUO）、智慧科技創新園區（KO-IN）、體感科技產業園區（KOSMOS）或駁二共創基地等。

⒝智慧電子產業、資通訊產業或引進5G/AIOT/AI等數位科技運用相關設備之產業。

⒞為本市地方型SBIR計畫獲補助之廠商。

⒟符合經濟部「具創新能力之新創事業認定原則」之廠商。

③ **第三類**：每年最高新臺幣七百萬元。但同一申請人累計核貸金額不得逾新臺幣二千五百萬元。

④ **第四類**：最高新臺幣六十萬元。

前項第一類、第二類及第四類案件同一申請人以申請一次為限。但第一類、第二類案件已清償貸款且債票信良好者，得再申請同類貸款一次。

⑶貸款期間

① 第一類及第二類案件：六年，得寬限一年。

② 第三類案件：七年。

③ 第四類案件：十年。

貸款人應於前項貸款期限內按月平均攤還本息。但第四類案件得申請本金寬限期一年。

⑷貸款利率：按中華郵政股份有限公司二年期定期儲金機動利率加年息百分之一點零九五機動計息。

相關網址如下：https://outlaw.kcg.gov.tw/LawContent.aspx?id=GL001927

其實政府跟銀行所提供的創業貸款管道非常多元，因篇幅有限，在此僅作簡略介紹。值得注意的是，政府的融資貸款規定及要點隨時在變動，有需求的讀者還是要以中央部會及各縣市政府的最新網頁資訊為依據。最後提醒大家，創業是一條不簡單的道路，創業前一定要多問、多聽、多看，並蒐集相關資訊才好。希望透過這個章節，能夠讓有志於從事餐飲業的創業家，稍微了解創業時的各項資金管道，並對政府推出的各項創業貸款資訊有基本的了解（如圖3-2）。

(　　) 1. 外來資金的種類，以下哪一項是錯誤的？

(A)親友募集　　(B)申請銀行專案貸款

(C)政府的創業貸款　　(D)存款

(　　) 2. 大額集資的種類有銀行借貸、政府的政策性貸款，那麼大額集資的金額以下何者正確？

(A)三十萬元以下 (B)三十至一百萬元
(C)一百萬元以上

( ) 3. 政府的各項創業貸款有哪些呢？
(A)高雄市政府中小企業商業貸款
(C)新北市幸福創業微利貸款
(B)臺北市青年創業融資貸款
(D)以上皆是

( ) 4. 創業資金的募集方式有哪些？
(A)自有資金 (B)外來資金
(C)以上皆是

( ) 5. 欲申請各項創業貸款，必須年滿幾歲以上？
(A)十八歲 (B)二十歲
(C)二十五歲 (D)三十歲

( ) 6. 小額集資的方式，下列何者正確？
(A)單純的借貸關係 (B)親友合夥、入股
(C)以上皆是

( ) 7. 中額集資的方式，下列何者正確？
(A)有擔保 (B)無擔保
(C)以上正確

( ) 8. 如欲申請創業貸款，下列何者較不建議？
(A)親友之間借貸 (B)申請銀行創業貸款
(C)自行集資 (D)地下錢莊借貸

( ) 9. 外來資金，如果以金額大小來分可分為哪幾類？
(A)小額集資 (B)中額集資

(C)大額集資　　　　(D) 以上皆是

(　　) 10. 單純借貸關係，建議借據開立幾份？

(A)一份　　　　(B) 兩份

(C)三份　　　　(D) 四份

(　　) 11. 單純的借貸關係，所建議開立的三份借據，除了自己留存一份之外，另外兩份則分別交付給誰？（複選）

(A)律師　　　　(C) 會計師

(B)公證人　　　　(D) 親友

(　　) 12. 假如是無擔保人的貸款申請人，銀行通常會根據申請人的什麼資料來作評估？（複選）

(A)薪資證明　　　　(B) 就醫紀錄

(C)信用證明　　　　(D) 工作證明

第四章

餐飲業營業成本概論

想要走上餐飲創業之路，不僅要懂得廚藝與烹飪，更要了解與經營管理息息相關的餐飲業營業成本與餐飲會計。在這個章節裡，讀者不需要擔心沒有專業的會計知識，我們將帶領您輕鬆的學會餐飲業營業成本的相關知識，讓大家的創業之路走得更加踏實與安心。

透過這個章節，您將可以：

1. 指出餐飲成本的定義。
2. 正確區分餐飲成本的類別。
3. 得知餐飲成本的結構。
4. 得知餐飲業成本的特性。

本章綱要

一、餐飲成本的定義

二、餐飲成本類別

三、餐飲成本的結構

四、餐飲業成本的特性

一、餐飲成本的定義

餐飲成本，簡單的來說就是指製作餐飲的成本，用於人力與產品消耗所構成的；但若更廣義地來看，從事餐飲行業所耗用之費用與支出的總和，例如：原材料的消耗、人力的薪酬、水電費的支出、廚具設備的耗損……等，均為餐飲成本的範圍。餐飲成本的多寡會影響產品要賣多少錢，以及會賺多少錢，所以餐飲成本可以說是決定出售產品價格的重要關鍵。

對餐飲創業者來說，了解餐飲成本的好處，除了可以精確算出每道菜的成本，並訂出合理的售價外，還能促使餐廳內人員嚴格掌控成本、設法提高服務質量，並透過記錄以及分析交易找出成本提高或降低的原因，掌握改善經營管理的缺口，以達到努力降低成本，提高經濟效益等優點！大家千萬不要忘記，唯有謹慎看待成本，才能具備成功創業的本事。

成功創業的本事

二、餐飲成本類別

餐飲成本依據不同的標準，會有不同的分類方法，餐飲成本常見的分類方法有：

1. 單位成本及總成本。
2. 固定成本、變動成本及半變動成本。
3. 可控制成本及不可控制成本。
4. 直接成本與間接成本。

現在就來一個一個看看它們是怎麼區分的。

1. 單位成本與總成本

單位成本指的是製作每單件產品的成本，例如：一盤臭豆腐、一份泡菜、一杯飲料的成本；總成本則爲單位成本的總和，也就是全部產品的生產費用總合。

2. 固定成本、變動成本和半變動成本

當產品數量發生變化時，成本亦會隨之變化的成本，便稱爲變動成本；但若成本不會隨著生產數量發生變化而改變的成本，便稱爲固定成本。以賣冰品來說，不論冬天、夏天，產量多寡或生意好壞，員工的薪水、店面的租金、建築物及設備的折舊費用仍是固定要支出的，便稱爲固定成本；變動成本則像是夏天冰品銷量較高、冬天可能較低，所以冰品的原物料費用會降低，這類會隨銷售量增減的原物料費用……等，便稱爲變動成本。

至於半變動成本則是由固定成本與變動成本組合而成，分別具有固定與變動的特性。例如：工讀生的薪資，工讀生的數量雖可隨業務量增減，但每天的時薪卻不會因當天銷量的多寡而隨意增減，故爲半變動成本。

3. 可控制成本及不可控制成本

可控制成本是指短期內可以改變的成本，例如：原物料的成本、廣告費的支出、和燃料成本……等。但是若爲短期內無法改變的成本，像是無法任意改變的店面租金或是銀行貸款利息……等，便爲不可控制成本。

4. 直接成本與間接成本

直接成本與間接成本是按照生產費用與產品的關係來劃分的。凡是可以直接計入產品成本的費用，便稱為直接費用，例如：銷貨成本、員工薪資、炊煮用具的採購成本、餐巾紙、紙杯等餐具費用……等。至於不能直接計入各產品成本的費用，則稱為間接費用，例如：捐贈費用、郵資費用、電話費用、廣告費用、水電費用、維修費用……等。

以上就是餐飲成本的分類（如圖4-1），了解不同的分類方式，相信對於餐飲創業者日後在營業成本的計算和經營管理上會有很大的幫助！

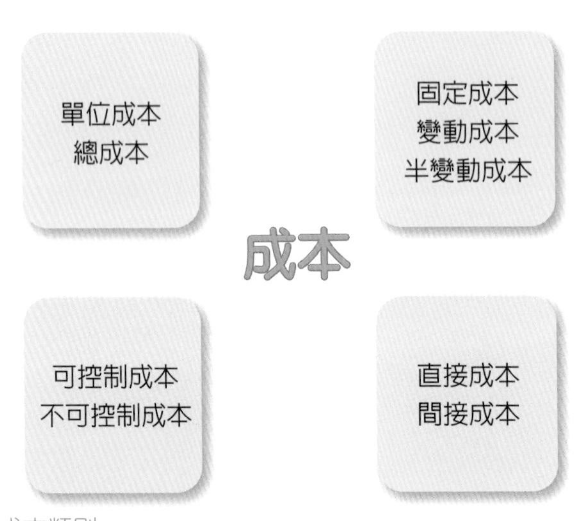

圖4-1　餐飲成本類別

三、餐飲成本的結構

餐飲成本的種類與內涵非常多元，常常很難清楚區分是屬於哪個環節的成本，所以往往為了方便計算，實際核算餐飲成本時，餐飲製作成本通常是指製作餐飲產品的原材料成本，至於原材料以外的其他費用則均另列項目。

原材料成本（如圖4-2）通常包含：1.製作各種單位產品的主要原料；2.製作各種單位產品的輔助材料，也就是配料；3.和製作產品的調味用料，以及主料、配料和調味用料的合理耗損。

普遍來說，1.主料以麵粉、大米和魚、肉、蛋等為主，各種海產、乾貨、蔬菜和豆製品等次之；2.配料則以各蔬菜為主，魚、肉家禽等次之；3.其他如油、鹽、醬油、味精、胡椒……等調味料，則是起味或調節的作用，是不可或缺的重要材料，但用量很少。

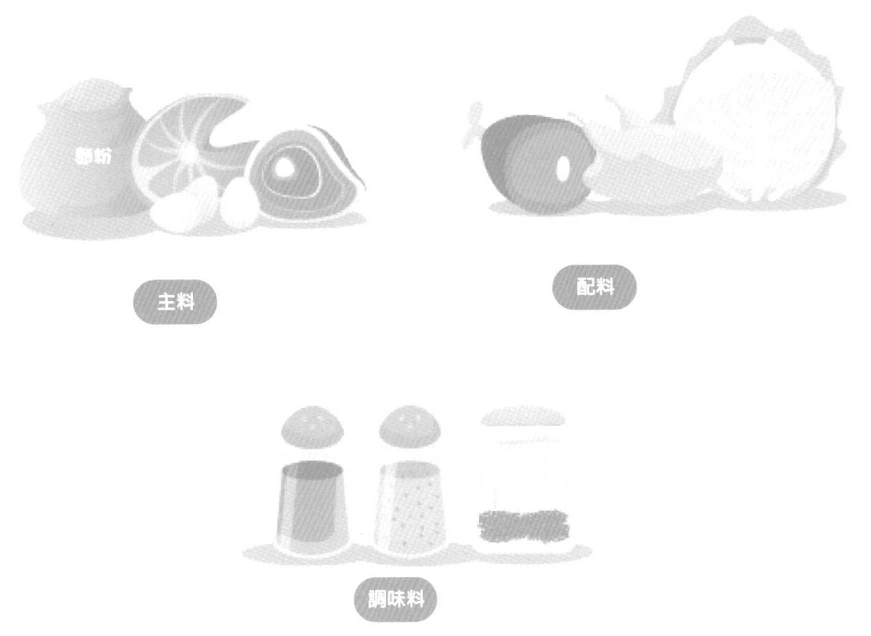

圖4-2　原材料成本類別

最後，提供大家餐飲業成本內涵與比例的參考（圖4-3、表4-1），以作為營業成本分配和管理的參考。

圖4-3　餐飲業成本結構圖

表4-1　餐飲成本內涵與比例參考

成本內涵	比例（%）
食品與材料	45
燃料	1
物料與攤銷	5-8
薪資與福利	20-30
水電費	2
營運管理費	1
其他支出	6-13
總計	80-100

四、餐飲業成本的特性

餐飲業成本不同於其他行業各有特定的業務範圍，依其業務性質，大致可包含製作、服務、以及行銷等三大方面的成本而已，這是餐飲業成本相當獨特的一面！

除了上述特點外，餐飲業成本還有：1.生產加工過程較短；2.隨作隨賣；3.銷售與生產作業密切結合；4.原材料成本和成品範圍繁多；以及5.餐飲成本常隨著市場的需求、季節的差異而有所變化等五大特性。餐飲創業者應好好牢記餐飲業成本的特性，因爲這會大大地影響餐飲創業成本！

透過本章節的學習，希望大家在這裡都能夠輕鬆地學到餐飲營業成本的相關知識，才能讓餐飲創業之路走得更加踏實與安心。

( ) 1. 餐飲成本的範圍有哪些？

(A)原材料的消耗　(B)人力報酬

(C)水電費及器具設備等　(D)以上皆是

( ) 2. 了解餐飲成本的好處有哪些？

(A)精確算出每道菜的成本，並訂出合理的價格

(B)嚴格掌控成本，並提高服務品質

(C)降低成本，並提高經濟效益

(D)以上皆是

( ) 3. 會隨產品數量而改變的成本稱為

(A)單位成本　(B)變動成本

(C)總成本　(D)固定成本

( ) 4. 可控制的成本，下列何者正確？

(A)原物料單價　(B)廣告費

(C)燃料成本　　(D)以上皆是

(　　) 5. 直接成本的種類，下列何者正確？

(A)水電、維修費　　(B)員工薪資

(C)廣告費　　(D)捐贈

(　　) 6. 原材料成本，下列何者正確？

(A)魚、肉、蛋和海鮮等主料　　(B)各項蔬菜等配料

(C)油、鹽、醬等調味料　　(D)以上皆是

(　　) 7. 餐飲業成本的特性，下列何者正確？

(A)可儲藏性

(B)成本不隨市場、季節的差異有所變化

(C)生產及銷售沒有密切結合

(D)生產加工過程較短

(　　) 8. 餐飲業成本，依照特定的業務範圍及性質，可分為

(A)製作　　(B)服務

(C)行銷　　(D)以上皆是

(　　) 9. 餐飲成本中的其他費用，下列何者錯誤？

(A)貸款利息　　(B)店面租金

(C)員工薪資　　(D)飲料費用

(　　) 10. 決定出售產品價格的重要關鍵是

(A)季節　　(B)收入

(C)餐飲成本　　(D)員工

(　　) 11. 下列何者為變動成本？（複選）

(A)季節性蔬果　　(B)瓦斯價格

(C)店面租金　　(D)員工薪資

(　　) 12. 原材料成本可分為下列幾項？（複選）

(A) 主料　　(B) 配料

(C) 調味料　　(D) 員工資料

第五章

餐飲業成本會計介紹

本章節重點在於進行餐飲業成本會計的介紹。很多人一聽到會計就覺得複雜、頭痛、甚至眼冒金星，其實會計只不過是人們為了呈現企業營運過程而從事的一種管理活動。在這裡，我們並不打算帶讀者鑽研會計這門學科，大家也不太需要知道那些艱澀難懂的會計實務計算。餐飲創業者只需要先了解基本的會計概念，將企業每天所發生的交易作有效的分類與管理，這樣便能大大地幫助自己在餐飲創業的過程中，更準確的解讀財務報表上的數字與意義。透過本章節的學習，您將可以：

1. 指出會計的五個要素。
2. 理解正確的會計恆等式。
3. 區別餐飲業成本會計項目的所屬性質與要素。

本章綱要

一、會計五大要素
二、會計恆等式
三、會計項目之性質與要素

一、會計五大要素

企業裡每天都會發生許多的交易活動，例如進貨、出售產品、跟銀行借款、設備維修……等，這些與經濟相關且可以被記錄的活動，便被稱爲會計交易。爲了將這些零零總總的交易作有效的分類，便有了分解交易的會計項目。會計項目大致上可區分爲五大類，統稱爲會計五大要素，分別是：資產、負債、權益（股東權益）、收益及費損。

介紹到這裡，讀者可能會有一個疑問：爲什麼要分的那麼複雜呢？反正公司的錢不就是分成收入和支出兩種，不是只需要知道餘額就好了嗎？但舉個例子試想一下，若餐廳裡有70萬的現金，那這70萬的現金，到底是銷售餐飲產品的收入？還是向銀行所借的貸款呢？每天有這麼多的會計交易，如果不分門別類的記錄下來，到最後一定會很混亂，甚至搞不清楚自家餐廳的詳細資金狀況了。因此唯有透過會計要素跟會計項目，才可以清楚掌握企業資金的流向和組成因素！

至於會計五大要素的定義，則分別敘述如下：

1. 資產

是指企業可運用的經濟資源。舉凡現金、應收帳款、應收票據、存貨、不動產、廠房及設備（如圖5-1）……等，這些項目都是企業之經濟資源，能以貨幣衡量，且未來可透過營業使用或交易等行爲，換取其他的經濟效益。

2. 負債

是指企業之經濟義務，能以貨幣衡量，且企業未來必須償還的經濟資源。簡單來講，就是企業之債務或是未來應履行的義務，例如：短期借款、應付帳款、應付票據、應付費用、預收收入……等（如圖5-2）。

圖5-1　現金與不動產、廠房及設備

圖5-2　銀行借款

3. 權益（或股東權益）

是指業主（或股東）（如圖5-3）對企業資產之權益，又稱爲淨資產或淨值。淨資產意指一家企業所有資產扣除銀行借款、應付的債務……等所有負債後，如果還有剩餘的部分，那剩餘數就屬於投資人（股東）的權益，其中權益尚包括企業每年的收入、利益、與費用及損失之淨額，但必須注意的是，權益的增加或減少，並非完全只有收益（收入及利益的簡稱）或費損（費用及損失的簡稱）之影響，其他關於投資者增加投資使得權益增加、企業發放股利給投資者使得權益減少……等，也會影響權益的變動。

圖5-3　公司股東

4. 收益

是指企業因主要或非主要營業活動中，所產生之收入與利益；也就是以資產的增加、或負債的減少等方式，於會計期間內增加經濟效益，進而造成權益增加，但不包含投資人（股東）所產生的增加投資。例如：銷售產品所產生的「銷貨收入」、處分資產所產生的「處分資產利益」……等。

5. 費損

是指企業因主要或非主要營業活動中，所支出之費用與損失；也就是以資產的減少，或負債之增加等方式，於會計期間減少經濟效益，進而造成權益減少，但不包含分配予投資人（股東）所產生的權益減少。例如：銷售產品產生的「銷貨成本」、支付辦公室租金所產生的「租金費用」……等。

二、會計恆等式

會計學裡有個著名的會計恆等式，資產會永遠等於負債加上權益（股東權益），若能充分理解會計恆等式的基本原理，相信對於餐飲創業者學習餐飲業成本會計將有相當大的幫助。接下來，讀者們可以從圖示的方式來理解這個恆等式。

根據圖5-4的方程式，我們可以得知，企業能籌集到多少資金來源，就有多少的資金能夠加以運用。可運用的資金，也就是企業所擁有的資產；而資金來源，不是向他人（或他企業）借貸而來，便是由業主（或股東）所投資的，這樣就不難理解會計恆等式了。

若以天秤來看，左邊表彰的是企業帳上所擁有的「資源」，右邊顯示的爲企業帳上資產的「來源」。無論會計交易如何變化，天秤的兩邊必定保持平衡，也就是金額必定相等，所以稱爲會計恆等式。

舉例來說，假設餐飲創業者開設了一間咖啡店，投資了45萬，並向銀行貸款了20萬，一共有65萬資產。3個月後，剩下資產有20萬，因爲之前貸款尚未償還的11萬元，還有4萬元的應付帳

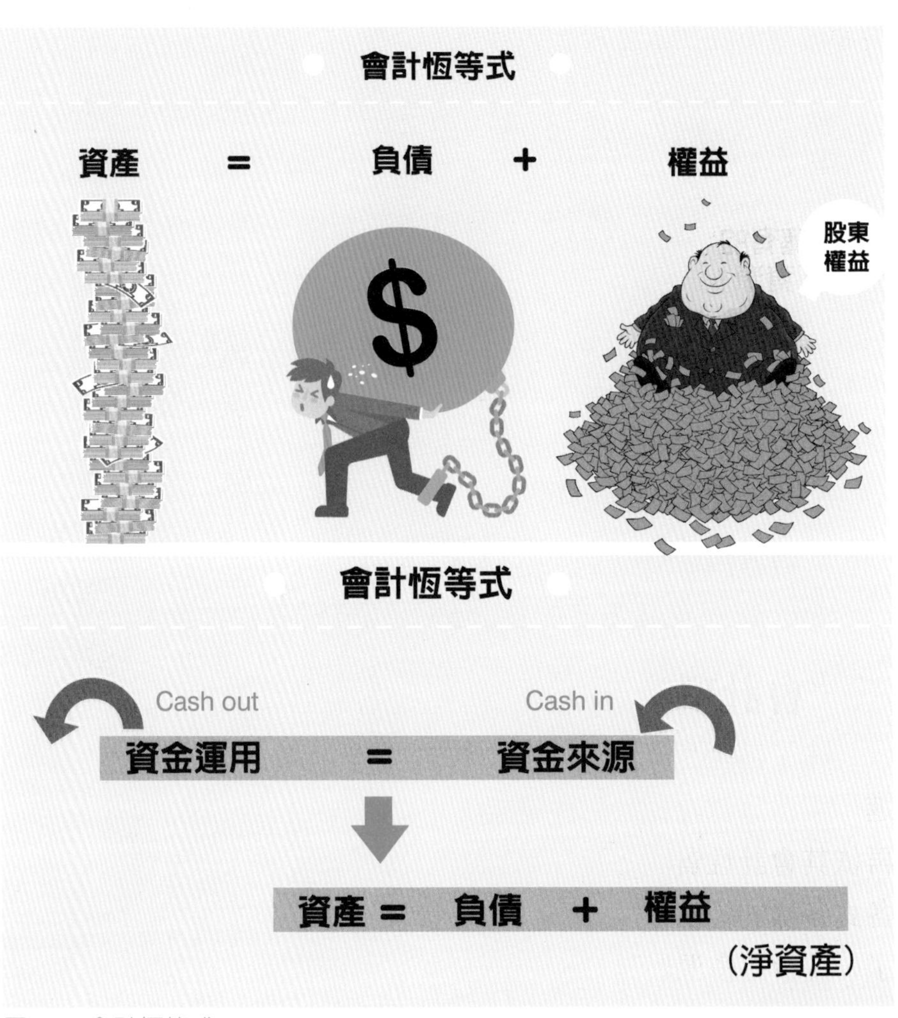

圖5-4　會計恆等式

款，以及創業者先前投資金額所剩餘的5萬元，兩邊的等式依然會成立！如此一來，相信大家對會計恆等式（如圖5-5）應會有更進一步的了解。

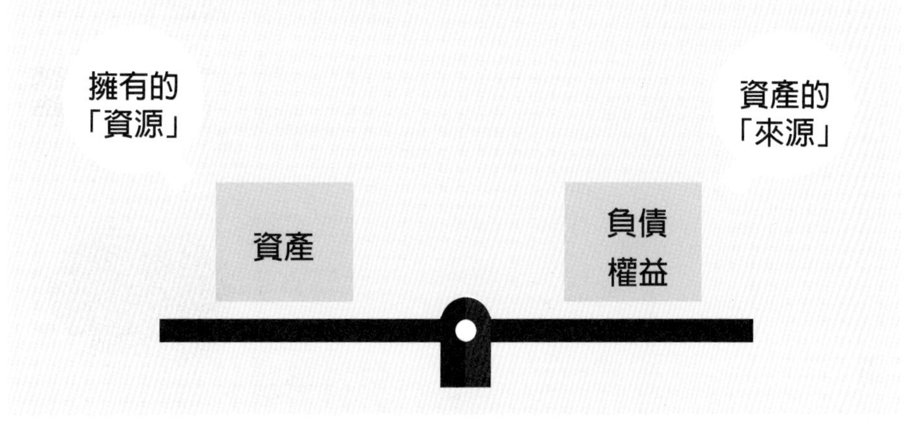

圖5-5　會計恆等式

三、會計項目之性質與要素

除了前面所介紹過的會計五大要素外，在此小節中，要更進一步跟大家介紹會計項目。會計項目便是根據會計五大要素，再依其會計性質的不同，而發展出來的細部項目。企業內每天有各式各樣的經濟活動在運作，如果這些過程沒有被記錄下來，久了……會有多混亂呢？所以會計項目就好像家中的多層櫃，如果先定義好各個櫃子可擺放的物品，收納時就會非常的方便與整齊，如圖5-6。

1. 資產類項目

資產類項目依性質主要可分為流動資產、不動產、廠房及設備以及無形資產……等類別，如表5-1。

圖5-6　會計細部項目

表5-1　資產

會計性質	定義	會計項目
流動資產	預期能於一年內或一營業週期內變現或耗用之資產	存款、食品、飲料、零用金……等
不動產、廠房及設備	1.供營業使用，具有經濟效益，但非以出售為目的且不容易轉換為現金的有形資產 2.使用年限（經濟壽命）在一年或一營業週期以上，較具長期性或永久性	土地、建築物、營業貨車……等
無形資產	企業為生產商品、提供勞務、出租給他人，或為管理目的而持有、沒有實體存在而具經濟價值的非貨幣性長期資產	遞延費用、專利權、商標權……等

⑴流動資產：是指現金、存貨及其他預期能於一年或一營業週期內變現或耗用之資產。如：銀行存款、食品、飲料、零用金……等，如圖5-7。

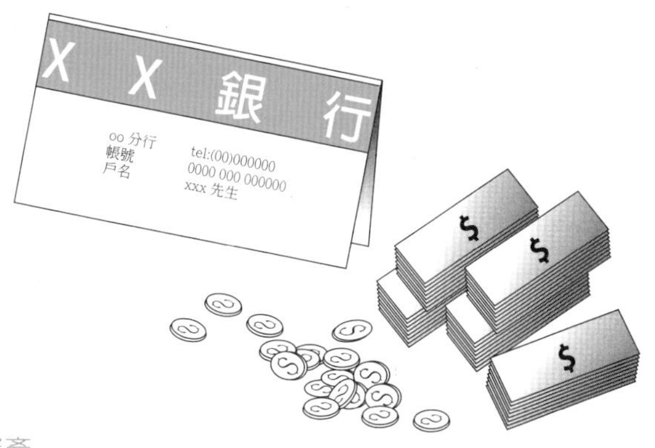

圖5-7　流動資產

(2)不動產、廠房及設備：係指供營業上使用，非以出售為目的，且使用年限在一年以上之有形資產，例如：土地、建築物、營業貨車……等，如圖5-8。除土地外，其他的不動產、廠房及設備應於達到可供使用狀態時，以合理而有系統之方法，按期提列折舊，此外，其累計折舊應列為不動產、廠房及設備之減項。

圖5-8　不動產、廠房及設備

(3)無形資產：無形資產是指企業爲生產商品、提供勞務、出租給他人，或爲管理目的而持有、沒有實體存在而具經濟價值之資產。例如：商譽、長期遞延費用……等。

2. 負債類項目

負債類項目依性質主要可分爲流動負債以及非流動負債。流動負債和非流動負債的區分一般是依一年或一個營業週期爲基準，一年內到期的負債就認列爲流動負債，超過一年以上到期者則列爲非流動負債；但有營業期間超過一年者，則依營業期間來分長短，在營業期間內到期的負債便認列爲流動負債，若超過者則列入非流動負債，如表5-2。

表5-2　負債

會計性質	定義	會計項目
流動負債	指將於一年或一營業週期內，以流動資產、其他資產或其他流動負債所償付之債務	應付帳務、應付薪資、應付水電費、應付燃料費……等
非流動負債	超過一年或一營業週期以上的債務則列入長期負債	長期借款、退休金準備……等

3. 權益類（股東權益類）項目

權益，有時亦稱爲股東權益。根據會計恆等式，權益（股東權益）係是將資產總額減掉負債總額的餘額，所以亦被稱爲淨資產，例如：股本、保留盈餘……等項目均是屬於權益（或股東權益）的項目。

4. 收益類項目

收益可分為營業收入與營業外收益。一般因主要營業活動或成果所產生的收入就屬於營業收入；如果是因其他營業或財務活動而獲得的收入與利益就屬於營業外收益，如表5-3。

表5-3　收益

會計性質	定義	會計項目
營業收入	因主要營業活動或成果所產生的收入	餐食收入、飲料收入、現金折扣……等
營業外收益	因其他營業或財務活動而獲得的收益	利息收益、服務費收益、投資收益……等

5. 費損類項目

主要包括營業成本、營業費用及營業外費損等三類會計項目。營業成本係指會計期間內因銷售商品或提供勞務等而應支付之成本；營業費用則指於會計期間內，為支援銷售商品或提供勞務等營業或管理活動而支付之費用，最後是營業外費損，則是指公司會計期間內非因經常營業活動所發生之費損，如表5-4。

表5-4　費損

會計性質	定義	會計項目
營業成本	食材、飲料銷售所產生的費用	食材、飲料的銷售成本
營業費用	因營業或管理活動所產生的費用	薪資、保險、水電、租金、員工福利、伙食費用……等
營業外費損	因其他財務活動而產生的費用及損失	投資損失、處分資產損失……等

有了會計項目後，就像在收納櫃裡加入大大小小的隔板一

般，可以讓會計交易的記錄與分析更加清楚與明瞭，並且更能讓餐飲創業者掌握餐廳的經營成果。

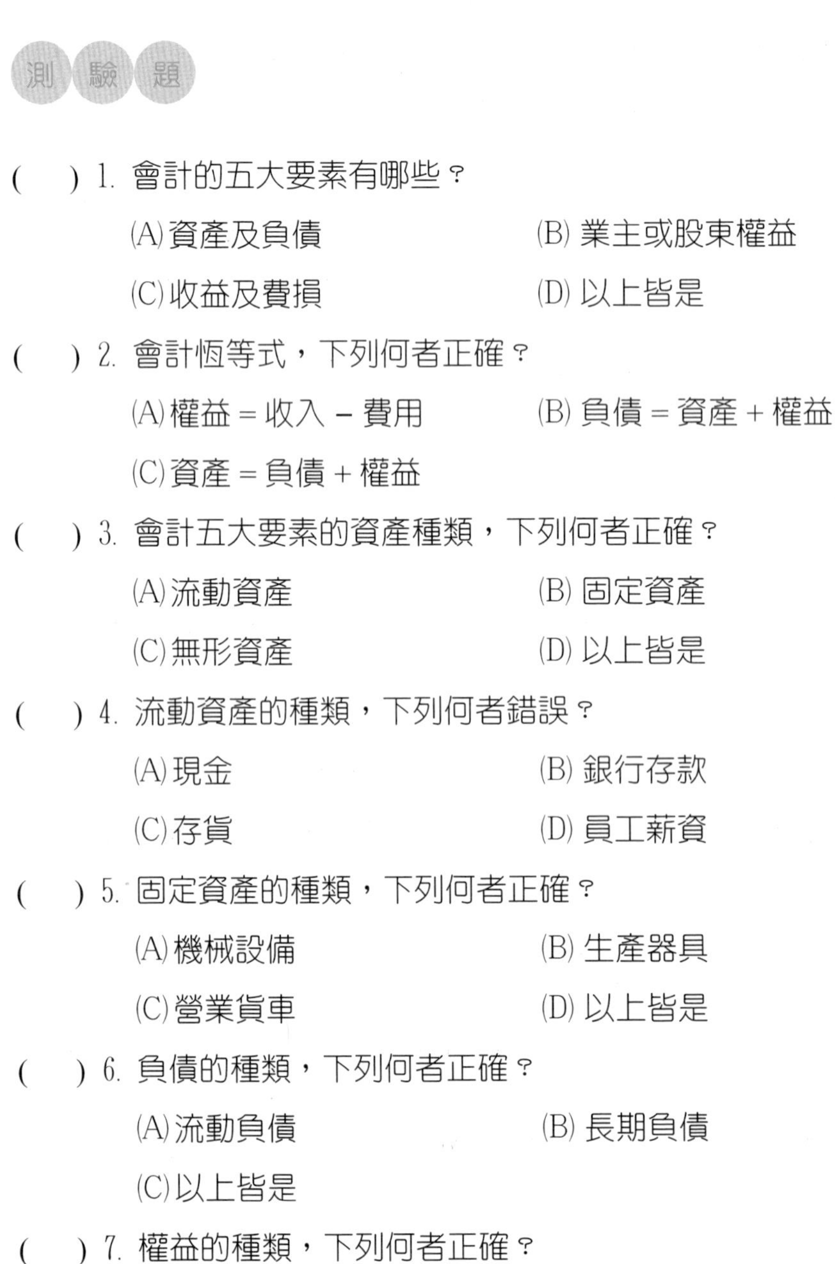

測驗題

( ) 1. 會計的五大要素有哪些？

(A)資產及負債　(B) 業主或股東權益

(C)收益及費損　(D) 以上皆是

( ) 2. 會計恆等式，下列何者正確？

(A)權益＝收入－費用　(B) 負債＝資產＋權益

(C)資產＝負債＋權益

( ) 3. 會計五大要素的資產種類，下列何者正確？

(A)流動資產　(B) 固定資產

(C)無形資產　(D) 以上皆是

( ) 4. 流動資產的種類，下列何者錯誤？

(A)現金　(B) 銀行存款

(C)存貨　(D) 員工薪資

( ) 5. 固定資產的種類，下列何者正確？

(A)機械設備　(B) 生產器具

(C)營業貨車　(D) 以上皆是

( ) 6. 負債的種類，下列何者正確？

(A)流動負債　(B) 長期負債

(C)以上皆是

( ) 7. 權益的種類，下列何者正確？

(A)股本　(B) 保留盈餘

(C)以上正確

(　　) 8. 費損的種類，下列何者正確？

(A)營業費用　　(B)營業成本

(C)營業外費損　　(D)以上皆是

(　　) 9. 員工薪資，是屬於會計五大要素的哪一類項目？

(A)資產　　(B)負債

(C)股東權益　　(D)費損

(　　) 10. 餐廳營業中，服務生拿到的小費是屬於會計五大要素的哪一類項目？

(A)流動資產　　(B)保留盈餘

(C)營業外費損　　(D)銷貨收入

(　　) 11. 下列何者為資產類項目？（複選）

(A)商譽　　(B)機械設備

(C)員工薪資　　(D)小費

(　　) 12. 下列何者為收益類項目？（複選）

(A)勞務收入　　(B)股票盈餘

(C)員工分紅　　(D)營業收入

第六章

餐飲業成本管理與控制（上）

介紹完餐飲業成本會計後，本章節開始進入「餐飲業成本管理與控制」的介紹。因為此部分的內容較多，故分為上、下兩章。本章節重點在於說明「餐飲業成本管理與控制」的重要性、功能以及方法；至於下一個章節則在說明餐飲業的兩項最大支出——餐飲成本以及人事成本的管理與控制方法。因此在這個章節裡，您將可以：

1. 指出餐飲業成本管理與控制的重要性。
2. 列舉餐飲業成本管理與控制的功能。
3. 說明餐飲業成本管理與控制的方法。

本章綱要

一、餐飲業成本管理與控制的重要性
二、餐飲業成本管理與控制的功能
三、餐飲業成本管理與控制的方法

一、餐飲業成本管理與控制的重要性

在跟讀者介紹餐飲業成本管理與控制的方法之前，大家應該要先對「餐飲業成本管理與控制」的重要性有所了解。自古以來，中國人認爲最有效的理財方式便是「開源節流」。從積極的角度來看，餐飲業的確可以利用增加來客數、提高菜單售價或是加強行銷活動來提高營業額或利潤，但是要設法提升業績，需要投入大量的人力物力，成效也不太容易掌握。

但若從另一個角度來看，節約成本卻是餐飲業較能掌控且立竿見影的。做好餐飲成本管理與控制不僅可以：(1)保護店內資產；(2)提供及時、正確的財務資訊，以供決策參考；(3)及時發現問題，避免發生弊端，進而提出修正方案；還可以(4)提供業主作營運分析及營運預估的基本資訊，以協助達到預期之營業目標。

簡單地來說，成本的控制只要掌握「杜絕不當開支」的核心概念，將錢花在刀口上，就能使手上的資金作有效的運用！更重要的是，餐飲業的成本管理與控制，永遠沒有終止的階段，因爲它是一個持續進行的過程。

二、餐飲業成本管理與控制的功能

餐飲業競爭相當激烈，成本的管理與控制相對變得很重要，萬一成本開銷沒有好好掌握，利潤就會變得很低，甚至是虧損。至於餐飲業的成本管理與控制到底有哪些功能呢？不外乎下列四大功能。

1. 維護消費者利益

因爲餐飲業是服務業的一種，所以在訂價方面，要力求公道、收費合理，且銷售價格能夠依照成本金額來擬定，因此做好成本的管理與控制，相對的就能維護消費者利益。

2. 正確配合市場的物價政策

餐飲業的價格策略通常是依據菜單設計、營業對象及目標來設定毛利率，此外，也取決於餐飲成本的分析與管理是不是準確，否則即使按照所設定的毛利率核定售價，可能也會發生與市場物價不符的情形，那麼就可能會影響企業的盈利，因此做好成本的管理與控制相當重要。

3. 為經營者獲利

餐飲業成本的管控與分析若不準確執行，假若成本計算偏低便會直接影響經營者的利潤，進而造成損失，影響甚鉅。

4. 作為改善經營管理的依據

只有嚴格的成本管控與分析，才能徹底檢視餐飲業的經營是否有利潤、管理情況是否良好，因此也是很重要的一項功能。

從餐飲業成本管理與控制的功能介紹可以知道，餐飲業者在成本的管理與控制方面，必須確切地掌握方法、徹底執行，才能發展消費者與經營者的雙贏局面。

三、餐飲業成本管理與控制的方法

了解餐飲業成本管理與控制的重要性及功能後，那麼要如何執行，才能夠達到成本管理的目的呢？主要可透過下列六個方法來執行成本的管理與控制。

1. 電腦科技應用法

現在很多餐飲業都會運用電腦科技來取代人工的計算，在成本管理與控制的效率上也會比較快。這個便是「電腦科技應用法」了！電腦在餐飲業的應用愈來愈廣泛（如圖6-1），由於電腦可以進行快速的運算，因此對餐飲業進行統計分析、加強成本管理與控制具有十分重要的作用。

圖6-1　電腦在餐飲業的應用愈來愈廣泛

2. 全員管理法

成本管理與控制的目標是要靠全體員工積極參與來實現，即是要求管理者和員工全體都要提高成本管理與控制的意識，充分認識成本管控與增加企業銷售額同等重要，認識到成本管控不僅關係到經營者利益，更是決定能否長期穩定發展的關鍵。唯有建立全員管理意識，員工才能積極主動地注意成本管理（如圖6-2），以便不斷改善成本控制，提高效益。

圖6-2　唯有建立全員管理意識，員工才能積極主動地注意成本管理

3. 毛利率指標法

餐飲業可以考慮(1)將毛利率指標落實到整個企業，企業再將總目標；(2)分解到各個部門；(3)各個部門之間的溝通都要有書面紀錄，這樣才能將責任落實到各個部門以及個人（如圖6-3）。

圖6-3　將毛利率指標分解到各個部門

4. 定期盤點法

定期盤點是餐飲業成本管理與控制的好辦法，但有的餐飲業者因爲怕麻煩，往往缺乏這一環節。其實，這項工作只需配備一

名定期盤點人員，雖然要增加一些薪資支出，但卻可能幫企業節省數十萬元，成本效益是顯而易見的。所以，餐飲業增加一名盤點人員，定期進行盤點工作是非常必要，也是不可或缺的（如圖6-4）。

圖6-4　定期進行盤點工作是不可或缺的

5. 定期核對實際用量與標準用量法

盤點是爲了提供存貨的實際資料，將出庫量減去庫存量便是實際用量。餐飲業可以透過將實際用量與標準用量相比較，就能知道成本管理與控制的效果如何。

6. 成本管理獎懲制度法

爲了加強成本管理，有必要建立成本管理獎懲制度，對管理人員和員工，都要根據其責任大小以及成本管理的表現，給予一定的獎懲。例如：對主動找出成本管理與控制漏洞，提出改善措施的部門和個人應給予獎勵，這樣才能激勵全體員工節約成本，降低生產成本。

(　　) 1. 餐飲業成本管理與控制之功能有哪些？

(A)維護消費者權益

(B)正確配合市場的物價政策

(C)為經營者獲利

(D)以上皆是

(　　) 2. 餐飲業的價格策略是依據下列何者來訂定？

(A)菜單設計

(B)營業對象及目標

(C)準確的餐飲成本分析與管理

(D)以上皆是

(　　) 3. 定期盤點庫存，是為了遵守什麼規範？

(A)主管監督　(B)例行公事

(C)落實成本管理與控制

(　　) 4. 員工過度浪費餐飲食材，是違反了餐飲業成本管理與控制的哪一個方法？

(A)定期盤點法　(B)全員管理法

(C)成本管理獎懲制度法

(　　) 5. 餐飲業成本管理與控制，是誰的責任？

(A)員工　(B)老闆

(C)股東　(D)全體

(　　) 6. 本單元的教學目標有？

(A)餐飲業成本管理與控制的重要性

(B)餐飲業成本管理與控制之功能

(C) 餐飲業成本管理與控制之方法

(D) 以上皆是

( ) 7. 餐飲創業的成功，下列何者最重要？

(A) 大量資金投入　(B) 降低售價

(C) 做好餐飲成本管理與控制

( ) 8. 做好餐飲成本管理與控制，對誰有利？

(A) 消費者　(B) 投資者

(C) 業者　(D) 以上皆是

( ) 9. 新鮮食材的使用，按照先進先出的概念，較符合哪一項方法？

(A) 全員管理法　(B) 定期盤點法

(C) 以上皆是

( ) 10. 餐飲成本管理與控制為會計五大要素的哪一項科目？

(A) 資產　(B) 業主權益

(C) 費損　(D) 收入

( ) 11. 做好餐飲成本管理與控制的好處有哪些？（複選）

(A) 降低成本　(B) 升遷容易

(C) 增加收益　(D) 減少食材浪費

( ) 12. 餐飲成本與下列何者息息相關？（複選）

(A) 費用　(B) 收入

(C) 權益

第七章

餐飲業成本管理與控制（下）

有了餐飲成本的概念與會計的基本知識後，如何將其運用在成本管理與控制上便相當重要。在競爭激烈的餐飲業中，業者要求生存、求發展，就必須提高經濟效益，餐飲成本的管理與控制就是決定能否穩當生存的重要因素。在這個章節中，我們將從餐飲業最大的兩項支出——餐飲成本以及人事費用下手，幫助餐飲創業者確實掌握餐飲業成本管理與控制的要點。其中餐飲成本的管控部分，又可再分為物料成本的管控以及飲料成本的管控兩個小節。透過本章節的學習，您將可以：

1. 指出餐飲業物料成本的管理與控制方法。
2. 指出餐飲業飲料成本的管理與控制措施。
3. 說明餐飲業人事成本的管理與控制方法。

本章綱要

一、餐飲業物料成本的管理與控制
二、餐飲業飲料成本的管理與控制
三、餐飲業人事成本的管理與控制

一、餐飲業物料成本的管理與控制

講到餐飲成本的管理與控制，我們就必須從成本比例最高的食品與材料成本的管理與控制開始說起。除了前面單元有提到的主料、配料以及調味品等物料成本外，飲料成本也占其中相當大的比例（如圖7-1）。現在本小節先從物料成本的管理與控制辦法開始談起。

物料成本的管理與控制可以從存貨差異控制法、產能控制法以及丟棄管理法等三種方法來下手。

圖7-1　主料、配料及物料成本

1. 存貨差異控制法

第一種管理與控制物料成本的方法爲存貨差異控制法，計算公式爲：

存貨差異＝期初存貨數量＋進貨數量－售出數量－期末存貨數量

舉例來說：上個月的豆腐存貨爲5箱，月初進了3箱豆腐，實際賣掉的數量有6箱，照理說應該還剩下2箱，但是月底清點時卻發現只剩下1箱，所以存貨差異便爲1箱。

其中這1箱並沒有出售獲得實質的收入，可能是因爲過期、製作時失敗丟棄、員工自行食用……等原因消耗掉了。如果沒有按時做清查與瞭解原因，放任存貨差異的提升，餐飲成本將會不斷的攀升。所以準確的盤點、詳細確實的銷售記錄，爲管理與控制存貨差異的最主要方法（如圖7-2）。

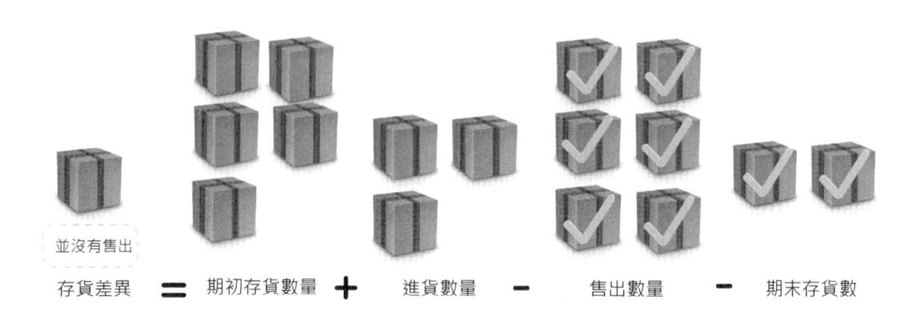

圖7-2　存貨差異控制法

2. 產能控制法

產能控制法爲餐飲業食材成本管理與控制的最主要方法。製作每道菜所需的原料、數量、人力與時間，均會反映在標準單價上，因此設計菜單時必須注意這些重要因素，愼選菜色的種類及數量。

試想如果沒有一定的作業標準或程序，產量與品質均無法得到控制，餐廳也將無法掌握每次產品生產的狀況。

要進行產能控制之前，必須先制定標準作業程序與標準產能規範（如圖7-3）。廚房標準作業正確執行，方可提高員工操作的產能。此外，正確的操作廚房機具與保養維修，亦能提高或維持機具產能。

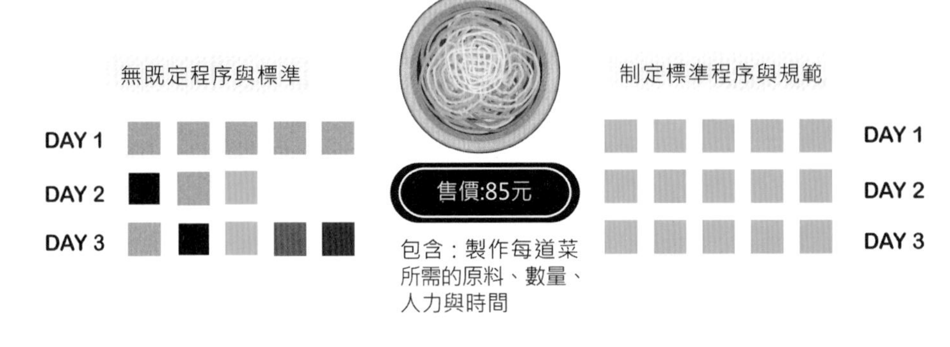

圖7-3　產能控制法

3. 丟棄管理法

丟棄管理法是指要加強因訂貨不當、操作不當以及貯存或搬運不當……等原因所造成的物料成本損失（如圖7-4）。因爲造成原料必須丟棄的主因爲訂貨不當、操作不當與貯存或搬運不當，所以採購人員的素質、廚師的專業及儲存原物料的設備均需特別注重，才不致於因材料的損失，因而增加成本。

根據前述方法，大家可以知道，若能盡可能降低存貨差異，維持產能控制，並確實做好丟棄管理，降低丟棄率，相信一定能有效的管理及控制物料成本。

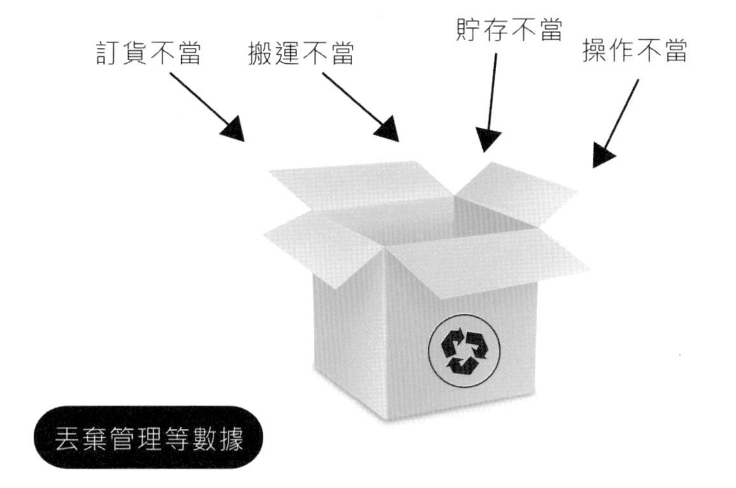

採購人員的素質、廚師的專業及儲存原物料的設備均需注重，才不致於因材料的損失而增加成本。

圖7-4　丟棄管理法

二、餐飲業飲料成本的管理與控制

至於飲料成本的管理與控制部分，傳統飲料供應若是以罐裝、瓶裝爲主，成本的管理與控制較爲容易，但目前許多餐飲業的飲料供應方式爲現場調配及銷售，多以人工操作的方式爲主，極易出現成本漏洞。即便如此，現場調配或人工操作的飲料供應方式卻是不可避免的現況，且爲大家較喜愛和常見的方式，所以接下來就由本小節來介紹，要怎麼來減少飲料成本的漏洞吧！

爲了做好飲料成本的管理與控制，以減少成本的耗損，可從：1.確定銷售種類；2.選擇適合的供應商；3.正確的採購與驗收程序；4.確實填寫領料單，以及5.訂定飲料銷售的用量標準等五個管理措施來下手。

1. 確定銷售種類

多元的飲料種類雖可提供客人有多種選擇並增加利潤，但同時卻增加了存貨的管理問題（如圖7-5）。所以可根據客戶的喜好與接受度，選擇適當的飲料種類即可，以便進一步達到飲料成本的管理與控制。

圖7-5　多元的飲料種類增加存貨管理問題

2. 選擇適合的供應商

近年來食安問題層出不窮，食材的品質與來源也愈來愈受顧客的重視。選擇信用優良、交期準時、有誠信和價格合理的供應商非常重要。此外，選擇可長期合作的供應商，亦可進一步達到飲料成本的管理與控制（如圖7-6）。

3. 正確的採購與驗收程序

餐廳訂購飲料時應檢查庫存量，並確實填寫訂貨單；驗收時並應仔細核對訂貨單、裝運單和發票，確認進貨的品項和數量是否和訂貨單相符，才是正確節省飲料成本的方法（如圖7-7）。

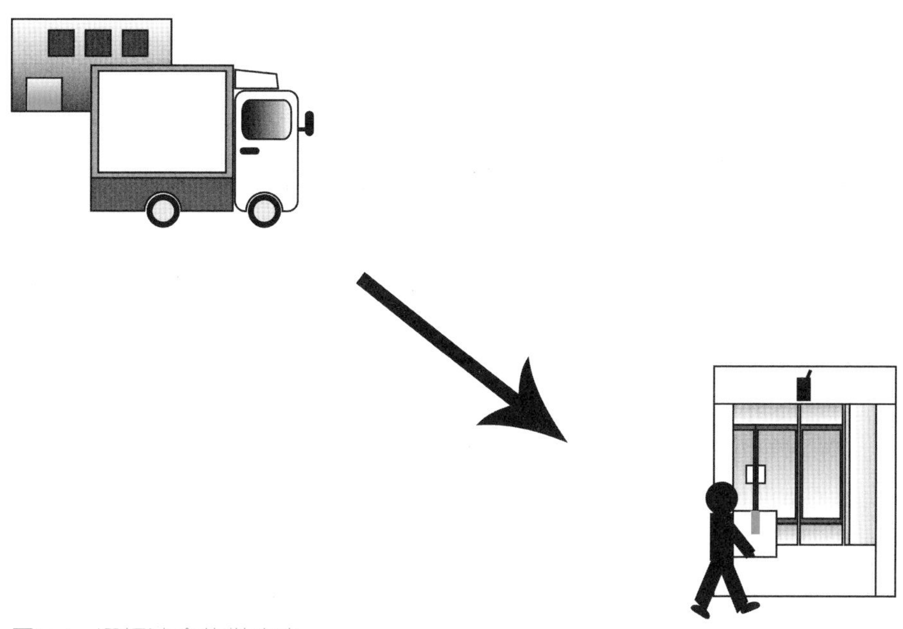

圖7-6　選擇適合的供應商

圖7-7　正確的驗收程序才是節省成本的方法

4. 確實填寫領料單

為了確實掌控飲料的存貨狀況，內部領取飲料材料時，應清楚註明：(1)領取種類；(2)領取數量；(3)領取時間和日期；且(4)最好可由管理人員或第二人簽名確認，才能加強對飲料成本的管控（如圖7-8）。

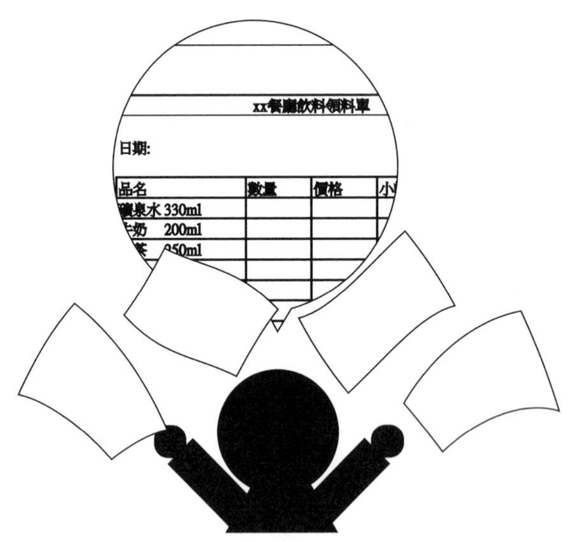

圖7-8　確實填寫領料單

5. 訂定飲料銷售的用量標準

除了存貨管理外，調配類的飲料最常因為製作過程，沒有統一製作程序或用量標準而造成使用不當。所以最好能建立標準飲料用量單，包含各飲料的原料成分、單位用量……等，以此為依據，不僅可掌控成本也能確保產出的品質（如圖7-9）。

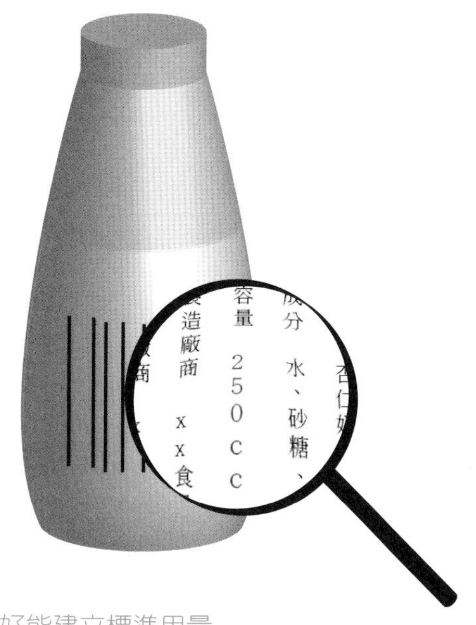

圖7-9　調配類的飲料最好能建立標準用量

三、餐飲業人事成本的管理與控制

除了物料以及飲料成本的管理與控制外，人事成本的開銷在餐飲業也是很大的。在餐飲業裡，人事成本的管理與控制愈來愈重要，雖然有一部分勞務已經由機械所取代，然而，不論如何改變，「人力」仍是餐飲業中必須付出的成本。因此，有效管理與控制人事成本，是餐飲業者不可不花心思的一環。

在開始說明人事成本的管理與控制方法之前，我們必須先了解人事成本的定義。簡單來說，只要是跟員工有關的花費，都可以統稱作人事成本；換句話說，也就是所有付給員工的費用。但要詳細的說，人事成本還有分爲直接費用跟間接費用。

「直接費用」比較容易掌握，「直接費用」包含了員工的薪水、加班費的薪資、假期和節日的花費、員工餐點費、社會保險相關費用、員工保險補償金、住院或是意外事件、養老金和退休金……等直接與員工相關的費用；「間接費用」則是由員工教育訓練、相關費用帳單和一部分管理費用所構成的，這些間接費用則比較難以控制。

餐飲業的人事成本定義介紹到此，接下來便要開始介紹人事成本的管理與控制方法了。人事成本管控的關鍵要領大致上可以歸納爲五大項，分別爲：生產計劃表的運用、勞工成本的比較、以系統分析做成本控制、降低勞工成本的方式，以及善用機器設備建立有效的工作流程五項。

1. 生產計劃表的運用

指的是針對餐廳工作事先計劃，並且設計表格作爲執行時的工具。如此一來，不但可以有效管控員工的工作效率，而且也能夠減少不必要的員工工時成本（如圖7-10）。

圖7-10 生產計劃表的運用

2. 勞工成本的比較

勞工成本的比較，指的是可以運用：利潤和損失的資料比較、不同單位的成本比較、工作時數比較、供應餐點的員工工作時數比較、比較每位員工的工作時數與所販售數量比率、根據員工的工作時數與服務客戶數目進行比較……等等，這些都可以有效管控員工的工作效率，並且作爲檢討與調整員工工作內容與方法的參考依據。

3. 以系統分析做成本控制

此方法指的是將工作事先進行系統分析，再以系統分析結果來進行人事成本的管控，系統分析結果亦會受販售數量的波動而改變（如圖7-11）。

圖7-11　以系統分析做成本控制

4. 降低勞工成本方式

降低勞工成本的方式，是指可以採用機器取代或輔助員工的策略，或者檢查廚房供應區設備是否具有節省工作程序功能……等，同時將簡化工作法應用於所有工作和程序裡，並時常檢討員工工作的安排，以適應工作的調動，只要是具有降低人事成本的可能性方式，都應該納入降低勞工成本的參考。

5. 善用機器設備建立有效的工作流程

此方法是指有效的簡化工作流程，可以減少機器操作的時間以及人力的浪費；且透過機械設備，降低人力需求，這些都是可以達到人力精簡，有效控制與管理人事成本的安排（如圖7-12）。

善用機器設備

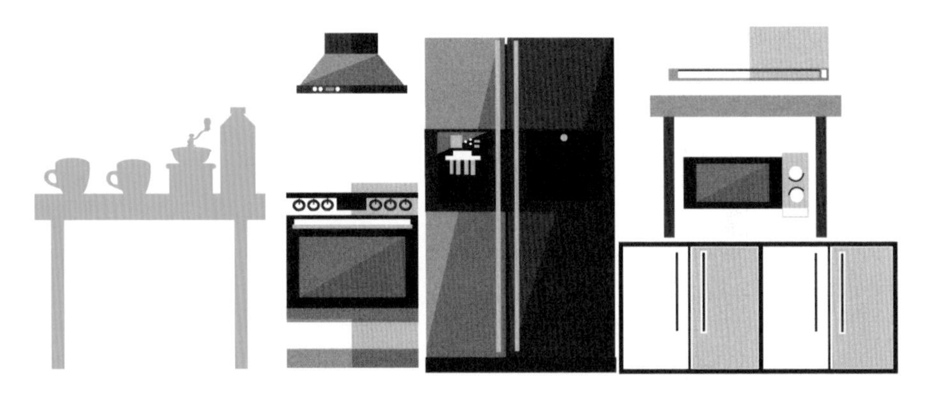

圖7-12　善用機器設備建立有效的工作流程

( ) 1. 餐飲業中的獲利，下列哪一個選項中的利潤是最高的？

(A)餐點 (B) 服務費

(C)飲料

( ) 2. 物料成本的控制方法，下列何者正確？

(A)產能控制法 (B) 丟棄管理法

(C)存貨差異控制法 (D) 以上皆是

( ) 3. 假設存貨差異過大，代表餐飲業者是節省或是過於浪費？

(A)節省 (B) 無差別

(C)浪費

( ) 4. 制定產能控制法，主要是為了控制下列何者？

(A)品質 (B) 產量

(C)以上皆是

( ) 5. 制定丟棄管理法，須注意下列哪些細節？

(A)採購人員的素質 (B) 廚師的專業

(C)儲存的設備 (D) 以上皆是

( ) 6. 飲料成本的降低，下列何種飲料的成本較低？

(A)瓶裝或罐裝飲料 (B) 現場調製的飲料

(C)一樣

( ) 7. 飲料的供應，應該如何訂定其標準？

(A)越多元越好 (B) 越單一越好

(C)根據客戶喜好及接受度

(　　) 8. 餐飲業的成本，主要分為哪些？

(A) 人事成本　(B) 食材成本

(C) 飲料成本　(D) 以上皆是

(　　) 9. 下列何者屬於人事成本中的直接費用？

(A) 員工教育訓練　(B) 管理費用

(C) 薪資費用

(　　) 10. 下列何者屬於人事成本中的間接費用？

(A) 加班費　(B) 退休金

(C) 員工訓練費用　(D) 保險費用

(　　) 11. 降低人事成本的方法有哪些？（複選）

(A) 簡化流程　(B) 以機器代替人力

(C) 減少員工薪資　(D) 提高售價

(　　) 12. 餐飲業中，最大的兩項支出即為？（複選）

(A) 餐飲成本　(B) 人事支出

(C) 廣告支出　(D) 設備費用

第八章

餐飲業淨料成本的計算與評估

相信大家若有仔細觀察每家餐廳的菜單價格，都會發現不太一樣，這主要是源自於各餐廳的產品成本計算結果有所不同，而要得知餐飲業的各項產品成本，就必須先知道餐飲業的淨料成本評估方法，才能準確的計算，因此透過本書的第八個章節「餐飲業淨料成本的計算與評估」，您將可以：

1. 得知餐飲業淨料成本的計算與評估方法。
2. 了解餐飲業一料一菜的計算方法。
3. 了解餐飲業一料多菜的計算方法。
4. 指出餐飲業淨料率的計算及功用。

本章綱要

一、餐飲業淨料成本的計算與評估方法
二、餐飲業一料一菜及一料多菜的計算方法
三、餐飲業淨料率的計算及功能

一、餐飲業淨料成本的計算與評估方法

大家常常會看到，同樣是有人排隊的店，有些餐廳賺了不少，但有些卻反而賠錢，怎麼會造成如此迥異的結果呢？其實關鍵的因素，就在於餐廳有沒有精確的估算餐飲產品成本，若是餐廳沒有精確的估算餐飲產品成本，反而會造成白忙一場還賠錢的情況！

那麼餐廳的餐飲產品成本要怎麼估算呢？事實上，餐飲產品成本的計算有一定的步驟，一般而言，主、配料是構成菜餚的主體，也是成本的主要組成項目，所以要核算成本，必須先從主、配料成本做起，而菜餚的主、配料一般經過清洗、宰殺、煎、煮、炒……等加工處理之後，才能調製成菜餚。

1. 淨料與菜單成本

在講到菜餚的主、配料，就需要先提到淨料了（如圖8-1）。原料第一次買進未經過加工處理的就叫做淨料。淨料是構成菜餚的直接原料，它的成本直接組成了菜餚成本，所以在計算菜單成本之前，應該先算出所使用淨料的成本。淨料成本的高低，也會直接決定菜餚成本的高低以及餐廳的利潤，因此，了解淨料成本的計算方法對餐飲創業亦是相當重要的一環。

2. 淨料的三大類型

首先，在了解如何計算淨料成本之前，要先知道淨料可以根據加工方法和處理程度的不同，分爲「生料」、「半成品」以及「熟品」三類，它們的單位成本各有其不同的核算方法。至於「生料」、「半成品」以及「熟品」三種淨料種類的意義則分別如圖8-2：

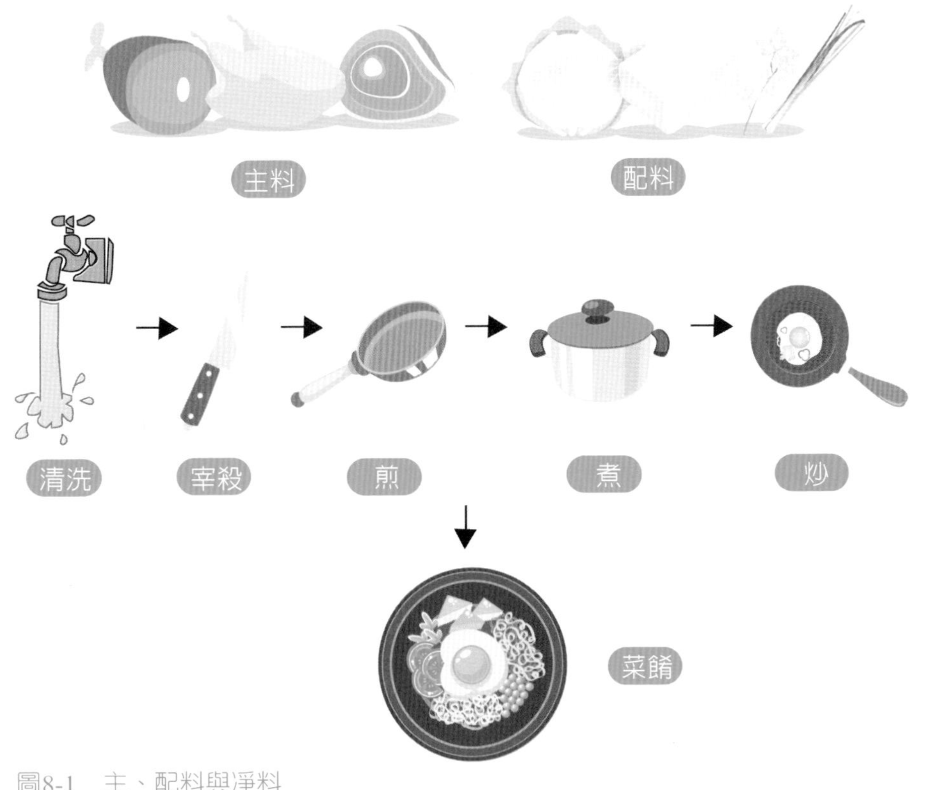

圖8-1　主、配料與淨料

(1)首先是生料：生料指的是只經過清洗、宰殺、初加工……等處理，但還沒有經過製作上處理的淨料。

(2)接著是半成品：半成品是指經過初加工處理，但還沒有經過完全加工成爲製成品的淨料，根據加工方法的不同又可以分爲「無味半成品」和「調味半成品」兩種。調味半成品的成本會高於無味半成品的成本，由於大部分的原料在烹調前都需要經過些微的加工與製作，所以半成品成本的核算，是主、配料計算的一個重要步驟。

(3)最後是熟品：熟品也就是一般大家所說的製成品，是由燻、滷、拌、煮……等方法加工而成，可以用來作爲冷盤菜餚的製成品，它的成本與調味半成品類似，也是由主、

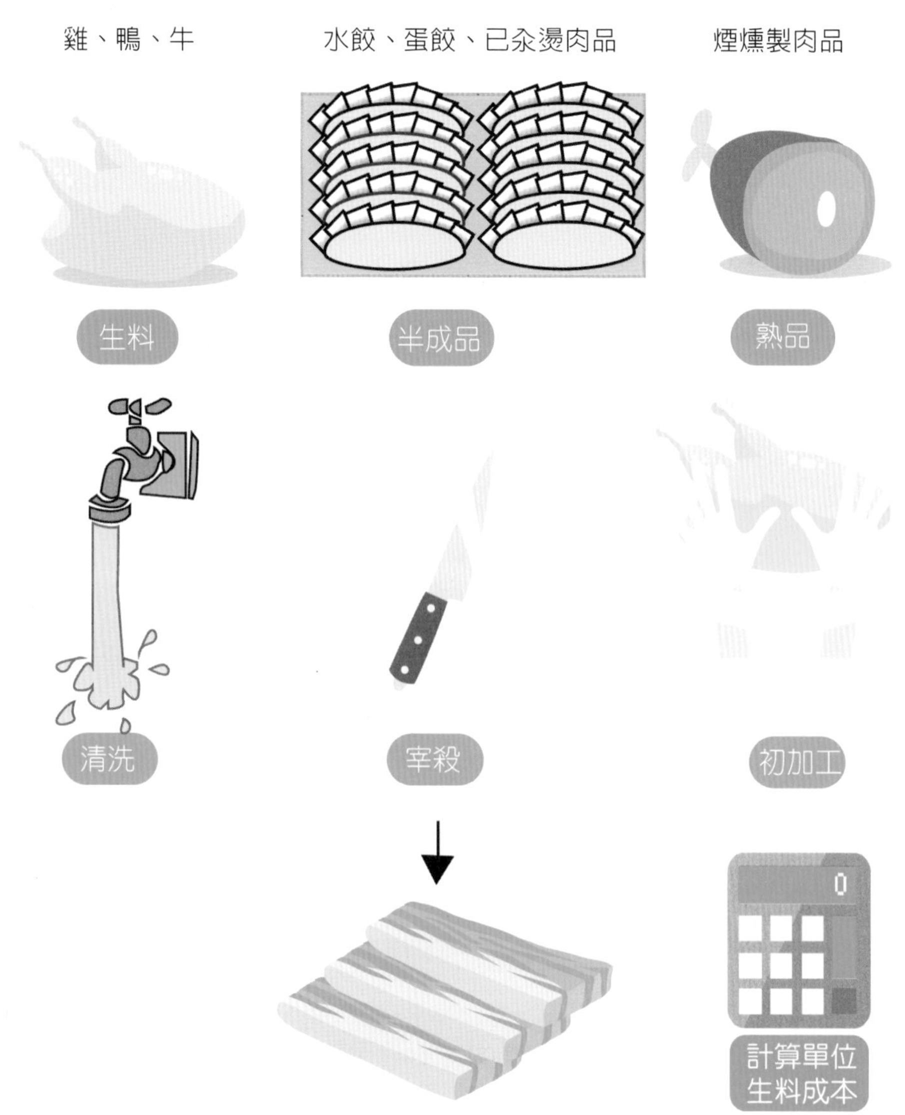

圖8-2　淨料的三大類型

配料成本和調味品的成本所構成。

因為淨料又可分為生料、半成品以及熟品，因此若是要弄清楚餐廳每一道菜的淨料成本，就必須先把淨料分類好，再來一一核算成本。

3. 淨料成本的計算方法

⑴生料成本的計算方式：

① 生料單位成本的計算公式：

原料總值先減掉廢料總值，再除以生料重量。

公式 生料單位成本＝（原料總值－廢料總值）÷生料重量

② 舉例來說，「阿傑小吃」買進去骨豬腿肉7公斤，單價38元，經過初加工處理後，得到肉皮0.5公斤，單價6元，請問淨肉的每公斤單位成本是多少呢？

答案：

首先，原料的總值是7公斤乘以38元，等於266元，接著肉皮的總值是0.5公斤乘以6元是3元，而生料重量是7公斤減掉0.5公斤等於6.5公斤。

我們根據公式，求出生料的單位成本是266元先減去3元，再除以6.5公斤，得到40.46元，便是每公斤去骨豬腿肉的淨料成本。

去骨豬腿肉：$7 \times 38 = 266$

肉皮：$0.5 \times 6 = 3$

$(266 - 3)/(7 - 0.5) = 40.46$——每公斤去骨豬腿肉的淨料成本

⑵半成品的計算方式：前面有提到，半成品又可分爲「無味半成品」和「調味半成品」兩種。

① 無味半成品的計算方式：

(A)無味半成品的成本計算包括範圍很廣，例如：經過熱水煮的青菜和初步熱處理的肉類……等都屬於無味半成品。

(B)無味半成品單位成本的計算公式：

原料總值先減去廢料總值，再除以無味半成品的重量。

公式 無味半成品單位成本=（原料總值－廢料總值）÷無味半成品重量

(C)舉例來說，五花肉5公斤單價40元，煮熟損耗20%，求熟肉每公斤成本是多少？

答案：這裡會有二個計算步驟：

第一步：分別計算各種重量的總值

原料總值等於40乘以5等於200元，廢料總值等於0，因爲五花肉是已經過處理購得，無味半製品重量等於5乘以（1－20%）等於4公斤。

第二步：代入計算公式

200元除以4公斤等於50元，就是五花熟肉每公斤的成本。

五花肉：5×40 = 200

五花熟肉重量：5×(1 − 20%) = 4

200/4 = 50——每公斤五花熟肉的淨料成本

② 調味半成品的計算方式：

(A)接下來是調味半成品成本的核算，也就是加放調味料的半成品，例如水餃、蛋餃……等。

(B)構成調味半成品的成本不僅有原料總值，還要加上調味品的成本，所以單位成本的計算公式爲：

（原料總值－廢料總值+調味品總值），再除以調味半成品的重量。

公式 調味半成品單位成本=（原料總值－廢料總值＋調味品總值）÷調味半成品重量

(C)舉例來說：買進乾肉皮3公斤，經油炸後膨脹成6公斤，在膨脹過程中耗油500克，已知乾肉皮每公斤進價爲40元，油每公斤進價12元，求膨脹後肉皮每公斤的成本是多少錢？

答案：

將數值代入公式

$(3\times40+12\times0.5)\div6=21$元——膨脹後肉皮的每公斤成本

(3)熟品的計算方式：

① 熟品單位成本的計算公式：

原料總值先減掉廢料總值後，加上調味品總值，再除以熟品重量。

公式 熟品單位成本=（原料總值－廢料總值＋調味品總值）÷熟品重量

② 例如：鱸魚一條重3公斤，每公斤進價120元，廢料魚雜回收價爲30元，全魚經炸熟爲1.2公斤，耗用油500克，油價每公斤12元，求這一條鱸魚每公斤的成本？

答案：

第一步：先分別計算各料價款或重量

魚的總值爲$120\times3=360$元；廢料魚雜總值爲30元；耗油總值爲$12\times0.5=6$元

第二步：代入計算公式

$(360-30+6)/1.2=280$——鱸魚熟品每公斤的成本

二、餐飲業一料一菜及一料多菜的計算方法

1. 一料一菜的定義與計算方法

(1)一料一菜的定義：一料一菜指的是原料經過初加工處理

後，只有一種淨料，而沒有可以再利用的材料。

⑵一料一菜的計算方法：一料一菜的計算方法很簡單，是用原料成本除以淨料重量求得淨料單位成本。

舉個例子來說，竹筍120公斤，價款共3,600元，經過剝殼並切除不能食用的部分後，得淨竹筍60公斤，那麼淨竹筍的每公斤成本也就等於3,600除以60，為每公斤60元。

一料一菜的計算方法是相當單純的，但是如果原料經過處理後，取得一種淨料的同時，又有其他廢料的話，要怎麼計算呢？那就必須先從原料成本中扣除這些廢料的價款，再除以淨料重量了。它的計算公式是：原料成本先減掉廢料價款後，再除以淨料重量。

以母雞為例，一隻重2公斤，每公斤單價400元經過宰殺、洗滌得雞淨重為1.6公斤，下腳料頭、雞爪價格為30元、雞血20元、雞內臟60元、廢料雞毛雞皮10元。那麼母雞淨料的每公斤成本則為：400元乘以2等於800元，減掉30元的下腳料頭、雞爪、20元的雞血、60元的雞內臟、再減掉10元的雞毛、雞皮，得出680元後，再除以1.6公斤，便求得單位成本每公斤為425元。

2. 一料多菜的定義與計算方法

如果是一項原料可以取得好幾種淨料，便是屬於一料多菜的範疇了。那麼一料多菜的成本要如何計算呢？這時候就應該分別計算每一種淨料的成本。

以帶皮帶骨豬肉20公斤為例，每公斤單價50元共計1,000元，經過初加工得到瘦肉10公斤，肉皮1公斤，豬骨4公斤，碎肉2公斤，油腺2.5公斤，損耗0.5公斤，根據重量確定它的單位成本是：瘦肉85元、肉皮20元、豬骨30元，碎肉50元，油腺32元；那麼進貨總值為10×85＋1×20＋4×30＋2×50＋2.5×32，得出1,170元，1,170元/(20－0.5)公斤＝60元，每公斤淨料的單位成本便是60元。

三、餐飲業淨料率的計算及功能

1. 淨料率的計算

從剛才的主、配料計算方法及公式，我們可以注意到一個特別的地方，淨料的計算好像都會先從單位成本的估算開始。也正因爲如此，不管是哪一種主、配料，要計算它的成本，就必須先知道它初加工、半製造和熟處理後的重量，否則根本不可能計算出它的單位成本。可是一些規模小的餐廳，每天買進的原材料，不管是品種和數量都很多，如果初加工處理完，還要一樣一樣秤重量的話，哪還有時間可以好好做生意呢？這是一個非常實際的問題，由於餐廳不論規模大小，每天購進原材料的品種和數量都很多，對於淨料處理過後的重量，實在不可能每一樣都精確計算，所以解決的祕密就是淨料率。

所謂淨料率，就是淨料重量與原料重量的比率。

公式 淨料率＝淨料重量÷原料重量×100%

比如說：一條牛鍵處理完之後重量是1.4公斤，除以原料重量2公斤，再乘以100%，便算出70%就是它的淨料率。就像前面所介紹的，淨料有生料、半成品及熟品三類，相對應地，淨料率也有生料率，半成品率和熟品率三種，但計算公式是完全相同的。

除了淨料率之外，還有一個比率也相當重要，就是損耗率。損耗率是與淨料率相對應的一個比率，也就是原料在加工處理中所損耗的重量與原料重量的比率。

公式 損耗率＝損耗重量／原料重量×100%

其實，損耗重量加上淨料重量便等於原料重量；而損耗率加上淨料率後，便會剛好等於100%。

2. 淨料率的功用

淨料率的運用很廣，它可以算出淨料重量，也可以得出原料重量，和淨料成本單價。分別說明如下：

(1)算出淨料重量：利用淨料率，我們可直接根據原料的重量，計算出淨料的重量。

公式 原料重量×淨料率＝淨料重量

如此一來，淨料的平均單位成本也就容易計算出來。

舉例來說：阿傑小吃購進豬腿肉20公斤，單價40元，經過拆卸後，分成豬皮和淨肉兩類，淨料率是90%，已知豬皮單價10元。

請問：淨肉每公斤成本多少錢呢？

答案：根據淨料換算公式可算出：

淨肉重量是20×90%＝18公斤；

豬皮重量是：20－18＝2公斤

(2)算出原料重量：此外，利用淨料率還可以根據淨料的重量，計算出原料的重量。

公式 淨料重量÷淨料率＝原料重量。

例如，阿傑小吃要製作蔥爆牛肉十份，每份耗費牛肉200克，其牛肉淨料率為80%，請問需要採購鮮牛肉多少公斤？

答案：代入公式計算可得出

10×0.2÷80%＝2.5公斤

這樣就知道要做十份蔥爆牛肉需要採購2.5公斤的鮮牛肉了。

根據淨料的應耗重量，利用淨料率計算出所耗原料的重量，這是餐飲業日常工作中，及時採購原料經常會運用到的辦法。

(3)算出淨料成本單價：最後，還可以利用淨料率，直接由原料成本單價計算出淨料成本單價，這就大大方便了各種主、配料成本的計算。

公式 原料單價÷淨料率＝淨料成本單價。

假設阿傑買進鮮魚每公斤80元，剖洗整理後，淨料率為80%，其淨魚塊每公斤應為多少元呢？

答案：代入公式計算

80÷80%＝100——可得出每公斤是100元。

淨料率雖然功能眾多，但應用淨利率計算成本，精確度非常重要，原料的質量與處理技術是決定淨料率的兩大因素，這兩大因素一旦有變化，淨料率就會隨之有所改變。而且除了原料質量和加工處理的技術因素外，原料的淨料率一般會受規格、產地、季節等各種因素的影響，例如：公雞和母雞、大雞和小雞都不一樣，蔬菜也如此，因此對淨料率的計算必須從實際出發，實事求是，才能保證成本核算的精確度。總歸一句話：餐廳想要賺錢，計算成本一點都不能馬虎！

( ) 1. 餐飲業中的淨料成本，必須先從何處算起？

(A)調味料成本 (B)飲料成本

(C)主、配料成本

( ) 2. 淨料可細分為下列哪些？

(A)生料 (B)半成品

(C)熟品 (D)以上皆是

( ) 3. 半成品又可細分為下列哪些？

(A)無味半成品 (B)調味半成品

(C)以上皆是

( ) 4. 無味半成品及調味半成品成本，何者較高？

(A)無味半成品 (B)調味半成品

(C)一樣高 (D)一樣低

( ) 5. 原料成本與淨料成本，下列何者較高？

(A)原料成本 (B)淨料成本

(C)一樣高 (D)一樣低

( ) 6. 餐飲業菜單成本的訂定，是依據下列何者所制訂的？

(A)淨料成本 (B)原料成本

(C)人事成本 (D)以上皆是

( ) 7. 飲料的供應，應該如何訂定其標準？

(A)愈多元愈好 (B)愈單一愈好

(C)根據客戶喜好及接受度

( ) 8. 本單元主要著重於下列何者成本的計算？

(A)人事成本 (B)原料成本

(C)飲料成本 (D)淨料成本

( ) 9. 一料多菜經過詳細計算後，可分成下列哪些成本？

(A)原料成本 (B)淨料成本

(C)廢料成本 (D)以上皆是

( ) 10. 一料一菜經過詳細計算後，可分成下列哪些成本？

(A)原料成本 (B)淨料成本

(C)廢料成本 (D)以上皆是

( ) 11. 淨料率可細分為下列哪些？（複選）

(A)生料率 (B)半成品率

(C)熟品率 (D)原料率

( ) 12. 影響淨料率的因素，可分為下列哪些？（複選）

(A)規格 (B)產地

(C)季節 (D)品質

第九章

餐飲業菜單成本之計算與評估

菜單成本一直是餐飲業非常重要的一環，也是制訂餐飲業菜單的基礎，唯有精確地計算菜單成本才能讓餐廳賺得放心、安心跟開心。因此，在這一個章節裡，我們將介紹餐飲業菜單成本的計算與評估方法、餐飲業菜單成本的影響因素，以及定價基礎，以協助餐飲創業者設計出一份專屬的超人氣黃金菜單。透過這個單元的學習，您將可以：

1. 列舉餐飲業菜單成本的計算與評估方法。
2. 指出餐飲業菜單成本的影響因素。
3. 指出餐飲業菜單的定價基礎。

本章綱要

一、餐飲業菜單成本的計算與評估方法
二、餐飲業菜單成本的影響因素
三、餐飲業菜單的定價基礎

一、餐飲業菜單成本的計算與評估方法

從前面各章節的內容可以得知，餐飲菜單成本是菜餚所耗用各種成本的總和，也就是餐飲產品所耗用之的生料、半成品、熟品以及調味品成本的總和，所以要計算某一單位產品的成本，只要將它所耗用的各種原材料成本逐一相加就行了，這個道理相信各位讀者都相當明白。但是在餐廳中，有單件製作的各式冷盤，也有大批製作的豬肉餡餅或豆沙饅頭等各類菜餚，兩種成本的計算方法難道都是一樣的嗎？

答案當然是否定的，在餐飲產品加工製作的過程中，主要有「成批生產」和「單件生產」兩種類型，因此，餐飲菜單成本的計算方法，也會有兩種方法，主要分爲「先總後分法」以及「先分後總法」。

1. 先總後分法

「先總後分法」就是先求出每批產品的總成本，而後再求得每一單位產品的平均成本，這一種方法適用於成批製作的產品成本，例如米飯、饅頭、包子、燒賣、蘿蔔糕……等。

對於成批製作的產品來說，各個單位產品的用料和規格質量完全一樣，所以，求其單位產品成本時需要先計算出每一批產品的總成本，然後再根據這批產品的件數，求出每一單位產品的平均成本（如圖9-1）。

公式 單位產品成本 = 本批產品所耗用的原料總成本 ÷ 產品數量

1. 先求得每批產品的總成本

2. 後求出每一單位產品的平均成本

適用：成批製作之產品成本

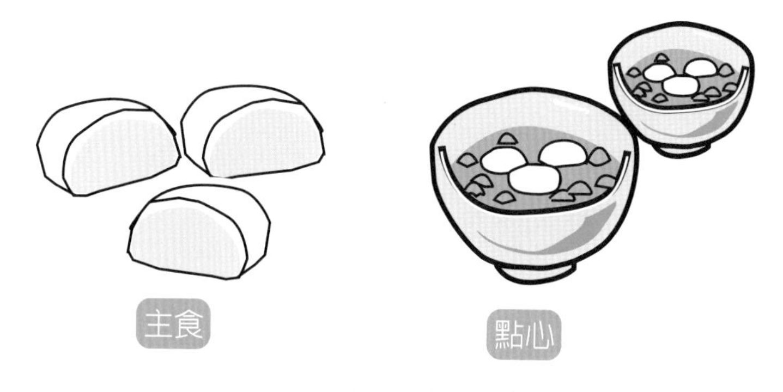

各單位名稱用料相同

一顆饅頭平均成本 ＝ 二十顆饅頭總成本 ÷ 產品件數

圖9-1　先總後分法

2. 先分後總法

「先分後總法」就是先計算出單位產品中所耗用的各原材料之成本，再逐一相加，即得出單位產品的總成本。這一種方法，適用於求算單件製作產品的成本，如各式冷盤……等，因爲對於單件製作的產品來說，每一種產品的用料、規格和質量都不太相同，所以求算不同單位產品的成本就必須個別進行才可以（如圖9-2）。

公式 單位產品成本 = 單位產品所用主料成本 + 單位產品所用配料成本 + 單位產品所用的調味成本

1.先計算單位產品所耗用之各材料成本

2.再逐一相加，即得單位產品總成本

適用：單件製作之產品成本

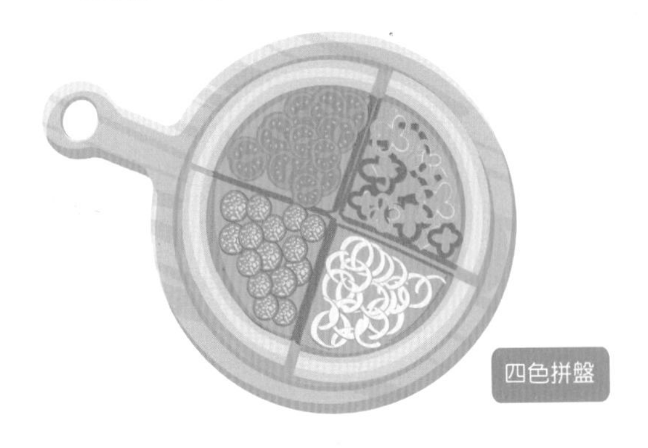

各單位之名稱、用料、規格、品質不同

四色拼盤單位成本 = + + +

圖9-2　先分後總法

此外，餐飲業的調味成本，一般是根據所耗用的原材料每月計算一次，如果廚房領用的調味品完全用光而無剩餘，則領用的調味品原材料金額，就是當月全部調味品的成本，但是如果有剩餘和半成品，則應採用倒推法來計算成本（如圖9-3）。

根據上述的說明，我們可以得知，像臺灣知名的小吃蚵仔煎，都是單件製作的，應該採用「先分後總法」。但像臺灣之光鼎泰豐的小籠包，由於是成批製作的，便應該採用「先總後分法」。

總而言之，菜餚種類雖然繁多，但基本上可分爲兩大類，即

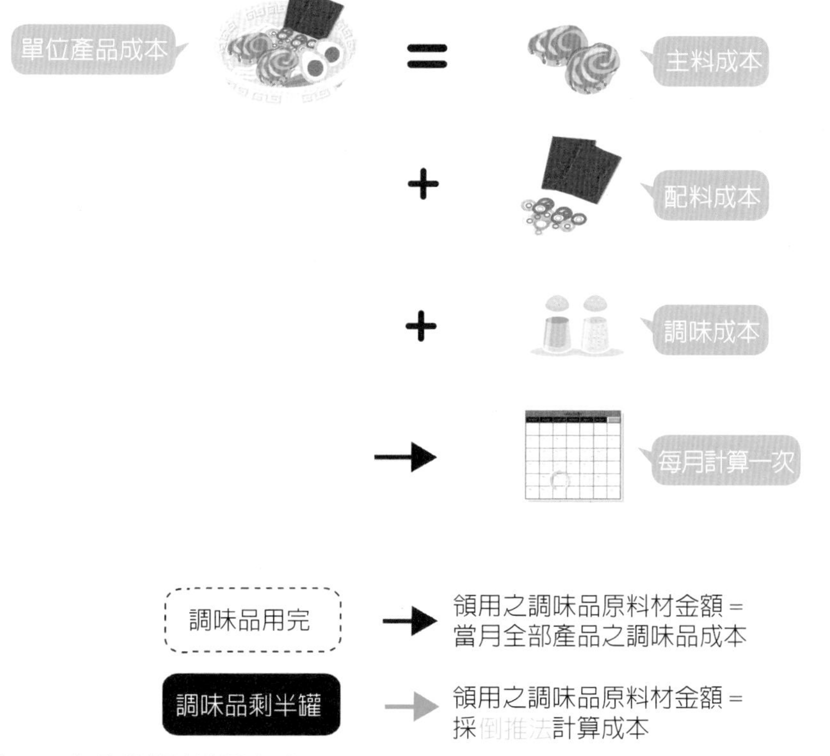

圖9-3　先分後總法計算方式

熱菜和冷盤，不論哪一類菜餚大多是單件製造的（如圖9-4），但也有少許菜單品項，例如珍珠丸子、滷製品……等則是批量製造的，要核算這種成批製造的菜單成本，只需要把這份菜餚裡所耗用的各種原料成本逐一相加即可。

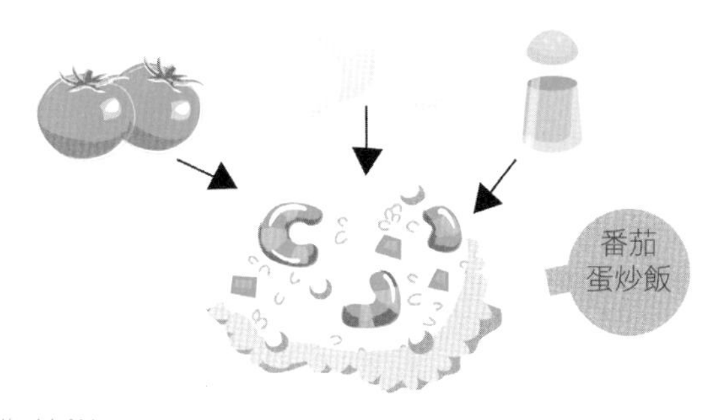

圖9-4　單件製作菜餚

二、餐飲業菜單成本的影響因素

大家都有過這樣的經驗吧！和大家相約出去吃飯，可是卻完全拿不定主意要吃什麼，這時候如果剛好看到有一間餐廳在門口擺放著精美照片的菜單時，就會不由自主的想走向前去翻看。大家仔細地回想一下，最後是什麼理由讓您決定走不走進這家店呢？一般人會有的反應便是，若是看到價格合理又菜餚美味的菜單，總是會忍不住要走進去吧！

也因爲如此，菜單的價格跟內容便非常重要，因爲它是決定顧客會不會上門的第一印象。而菜單定價又是以菜單成本爲基礎的，所以菜單成本相對的也非常重要。那麼到底有哪些因素會影響菜單成本呢？一般來說，會影響菜單成本的因素，主要有「食品材料成本」、「營業費用」以及「營業稅金」等三項。分別說明如下：

1. 食品材料成本方面

由於餐飲產品都需要買進原材料進行生產，這些材料便稱爲食品材料成本。食品材料成本是餐飲產品的最主要成分之一，佔菜單成本的比例很大。控制好餐飲產品的原材料成本，便能進一步控制好菜單成本以及菜單售價（如圖9-5）。

2. 營業費用方面

菜單成本需要考慮的第二項重大支出便是營業費用了。營業費用也是餐飲業經營時必要的費用，它包括了人事費、文具費、印刷費、折舊費、水電瓦斯費、維修費……等（如圖9-6）。其中，最重要的組成項目是人事費，人事費主要涉及員工薪資、福利獎金，以及員工餐費等三項，通常占營業費用的三分之一以

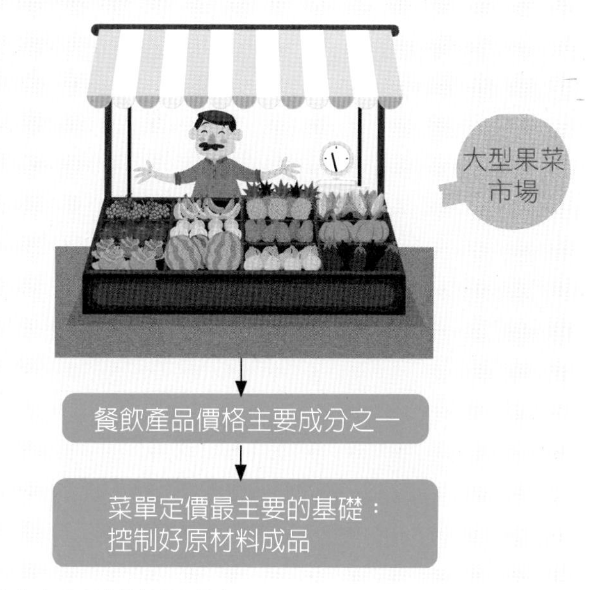

圖9-5　食品材料成本會影響菜單成本

圖9-6　營業費用分類

上，比例相當龐大。

餐飲業是一種服務業，它的產品不能大量地生產，而是根據顧客的需求進行客製化的生產，所以員工的服務占很大的比例，在計算餐飲菜單成本的時候，也一定會把人事費用估計進去。

3. 營業稅金方面

餐飲菜單的成本除了要包括食材成本和營業費用外，還要包括營業稅金。目前餐飲業須繳納的稅金主要有營業稅、房屋稅、所得稅及印花稅……等。餐飲企業最重要的稅金是營業稅，目前政府按餐飲收入的5%徵收（如圖9-7）。

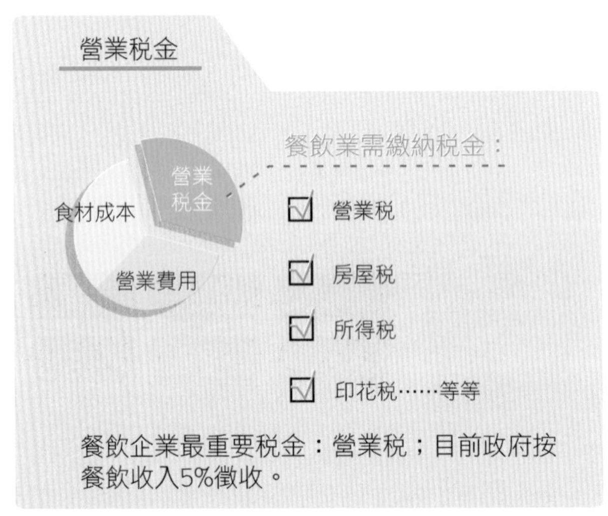

圖9-7　營業相關稅金分類

三、餐飲業菜單的定價基礎

剛才有提到，餐飲菜單價格是以菜單成本為基礎的，那除了成本因素之外，還有哪些因素會是菜單的定價基礎呢？影響菜單定價的因素眞的很多，經過歸納整理，主要有「成本因素」、

「市場因素」、「顧客因素」、「經濟發展因素」、「技術因素」，以及「其他因素」等六項。

1. 成本因素

餐飲菜單成本的一個特點就是可控制成本高、不可控制成本低。食品材料成本除了市場價格不能完全控制外，成本的高低還取決於採購、驗收、貯存、加工、烹調，以及銷售的各個環節。在營業費用中除了折舊和修理費用外，其他各項費用皆可透過嚴格的管理與控制來設法降低。在定價時掌握哪些成本費用可以控制，並透過控制對成本影響的程度，都有利於價格策略的訂定。

2. 市場因素

餐飲業的競爭非常激烈，因爲餐飲業的資本額小且生產技術可模仿性強，而菜單價格往往是影響競爭能力的重要因素。所以菜單價格的擬訂要很小心，才能使餐飲產品在競爭中仍能存活下去。一般來說，層次差異較大的餐飲業，如大飯店與小餐館，中式料理與法式料理之間的競爭程度較小；但若餐飲內容越相似，則其競爭內容越激烈。

在這種情況下，只依照成本的高低來定價是不適當的，應把市場競爭的因素狀況考慮進去。在市場競爭的狀態下，管理人員還要分析自家餐廳的產品有哪些優勢和劣勢、面臨何種機會與競爭。若具有相對優勢的地位，則可以採取高於競爭者的價格。但若居於相對劣勢的地位，則應尋求解決之道，例如：以改進食材以及更新技術等方法，然後再次根據自己的競爭地位來確定價格策略（如圖9-8）。

市場因素
管理人員
1. 企業產品有哪些優勢和劣勢?
2.面臨何種機會與競爭?
競爭程度大
競爭程度小
台式料理A v.s. 台式料理B
法式料理 v.s. 中式料理
大飯館 v.s. 小餐車
MENU
VEGFOOD
具相對劣勢
改進方法：
分析成本
改進食材
更新技術
採取高於競爭者的價格
菜單價格
WINE LIST
Red Wine
Rose Wine
White Wine
具相對優勢
價格高昂精美菜單
採取高於競爭者的價格

圖9-8　市場因素

3. 顧客因素

餐飲菜單的成本高並不代表顧客就認爲它的價值高。例如：餐廳的食材成本雖然昂貴，但師傅烹調手藝差，顧客自然不願爲這種劣質的產品支付高價格。因此，餐飲產品的價格也取決於顧客對產品價值的評價（如圖9-9）。管理人員對顧客認爲價值高的產品，價格便可以定得高一些；反之，便應定得低一些。

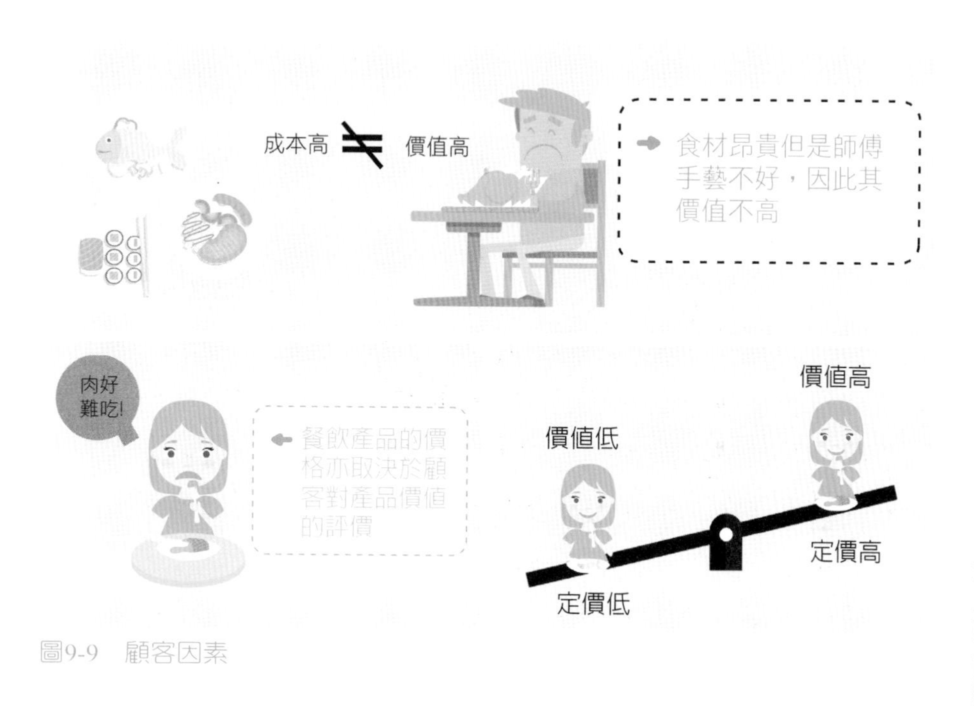

圖9-9　顧客因素

顧客在一天不同的時間，對用餐的要求自然有所不同，因而對餐飲價值的評估也不同。比如：有些顧客於中午時段對時間比較敏感，他們對餐飲要求的標準是迅速和簡單；但是如果是晚上用餐時段，則願意多花點時間享用餐食，因此要求品質較高的餐飲服務，價格高一點亦無妨（如圖9-10）。

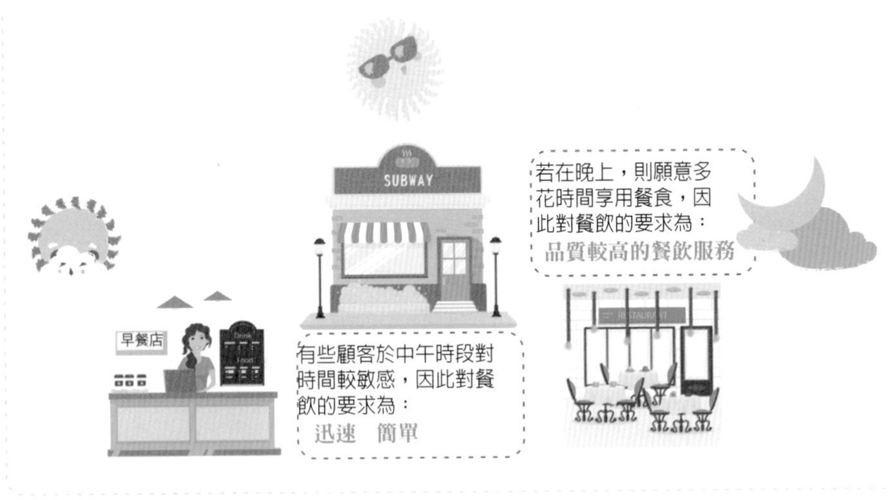

圖9-10　顧客因素

4. 經濟發展因素

餐飲業的繁榮與國家的經濟發展速度密切相關。近幾十年來臺灣經濟發展速度突飛猛進，餐飲業需求量猛增，各地經商、辦公因而需要外出用餐的人數大幅增加，餐飲業的菜單針對商務用餐的需求亦隨之提高，故餐廳應該迅速做出菜單價格調整的對策，以滿足旅客的需求（如圖9-11）。

圖9-11　經濟發展因素

5. 技術因素

當餐飲業引進新技術時，會影響產品品質以及造成生產成本的變化。例如：自動販賣機的引進、自動化設備的導入……等，就會間接減少服務費用，因此，餐飲技術也是影響菜單定價的因素之一（如圖9-12）。

技術因素

餐飲業引進新技術時，會影響：

- 產品品質
- 生產成本

各種餐飲業的機器設備

間接減少服務費用

圖9-12　技術因素

6. 其他因素

還有許多不可預料的因素會影響餐飲業的價格策略。例如：天然災害的發生、人爲的舞弊……等，餐飲業要隨時注意經營環境中各種因素的變化，並且採取相應的價格措施。

( ) 1. 對於成批製作的成本中，下列哪些選項正確？

(A)用料　(B)規格　(C)質量　(D)以上皆是

( ) 2. 蚵仔煎之類的餐飲產品製作，適用於下列何種製造方法？

(A)單件製作法　(B)成批製作法　(C)以上皆非　(D)以上皆可

( ) 3. 小籠包之類的餐飲產品製作，適用於下列何種製造方法？

(A)單件製作法　(B)成批製作法　(C)以上皆非　(D)以上皆可

( ) 4. 影響菜單成本的因素，主要可分為下列哪幾項？

(A)食品材料成本　(B)營業費用　(C)營業稅金　(D)以上皆是

( ) 5. 營業費用中，最主要的支出是下列何者？

(A)人事費　(B)折舊費　(C)維修費　(D)水電費

( ) 6. 人事費又可細分為下列哪些？

(A)員工薪資　(B)福利獎金　(C)員工餐費　(D)以上皆是

( ) 7. 人事費通常佔了營業費用的多少比例？

(A)三分之二　(B)全部　(C)三分之一

(　) 8. 營業稅金中，最主要的費用是下列何者？

(A) 印花稅　　(B) 房屋稅

(C) 所得稅　　(D) 營業稅

(　) 9. 政府徵收餐飲收入的營業稅為多少百分比？

(A) 10%　　(B) 15%

(C) 20%　　(D) 5%

(　) 10. 除了成本因素之外，下列哪些因素還會影響菜單價格？

(A) 市場因素　　(B) 顧客因素

(C) 經濟發展因素　　(D) 以上皆是

(　) 11. 餐飲業加工製造可分為下列哪兩種？（複選）

(A) 先分後總法　　(B) 先總後分法

(C) 成批生產法　　(D) 單件生產法

(　) 12. 餐飲菜單成本的訂定方法可分為下列哪兩種？（複選）

(A) 先分後總法　　(B) 先總後分法

(C) 成批生產法　　(D) 單件生產法

第十章

餐飲業菜單之定價原則、策略與方法

菜單定價是餐飲創業很重要的課題之一，菜單的價格會大幅度的影響消費者的購買意願，也會影響對消費者的吸引力，所以菜單的定價實在不可不謹慎。透過這個章節的學習，您將可以：

1. 指出餐飲業菜單之定價原則。
2. 指出餐飲業菜單之定價策略。
3. 列舉餐飲業菜單之定價方法。

本章綱要

一、餐飲業菜單之定價原則
二、餐飲業菜單之定價策略
三、餐飲業菜單之定價方法

在這個章節裡，我們將協助大家瞭解餐飲業菜單的定價，不僅要能反應產品價值，還要能夠吸引顧客，希望藉此能夠協助諸位讀者將餐飲創業進行到底，訂出一系列餐飲業者及消費者雙贏的菜單售價。

一、餐飲業菜單之定價原則

餐飲業菜單的定價，可以說是餐飲業創業是否能成功的重要關鍵因素，那麼如此重要的定價，到底要怎麼著手才是正確之道呢？仔細思考，其實餐飲業菜單定價還是有一些原則可以依據遵循，並非毫無章法的。整體來說，餐飲業菜單的定價至少要遵守下列五個原則：

1.需要考慮經營利潤；2.要能吸引消費者；3.定價要能反應產品；4.需考慮銷售狀況；5.定價需有穩定性。接下來逐一介紹於下列各個小節：

1. 需要考慮經營利潤

餐飲業經營之目的在於營利，因此菜單訂價需考慮經營利潤是理所當然的一件事，菜單定價往往要以賺取利潤作爲目標。一般而言，餐廳會根據預期利潤目標，再估算相關的營業成本和費用，以便計算出適當的定價（如圖10-1）。

2. 要能吸引消費者

餐飲業要有收益，最重要的是獲得消費者光臨，所以菜單在定價時除了需考慮企業的整體利益外，應盡可能的以較低的餐飲價格來吸引旅遊團體、商務旅客及外國觀光客，並藉此使企業的整體利潤提高。

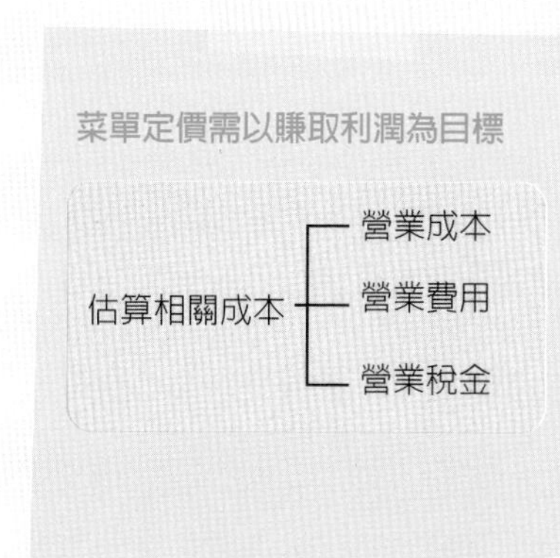

圖10-1　餐飲業經營需考慮經營利潤

3. 價格要能反應產品

菜單上的餐飲價格應該要與產品的價值相當，且產品的價格需能反映原物料的成本、餐廳設備之折舊、員工薪資、員工獎金以及相關的稅金……等費用（如圖10-2）。

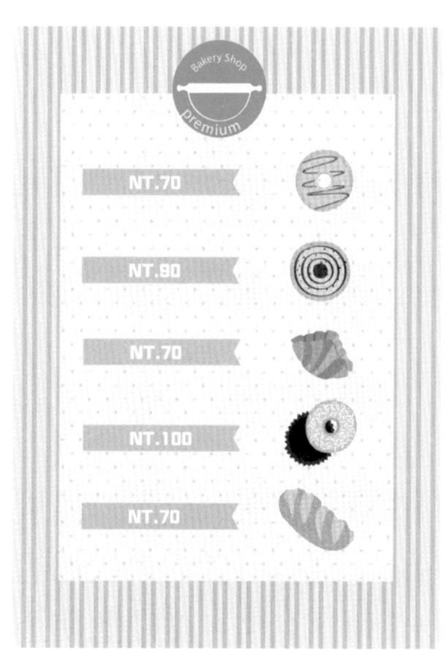

圖10-2　菜單價格要能反映各項成本

4. 需考慮銷售狀況

管理人員有時基於經營的需要，會因爲考慮銷售的數量、加強吸引力……等狀況，而刻意將價格調低以使餐廳的知名度瞬間提高，吸引顧客蒞臨。這種做法常發生於競爭激烈時，爲了擴大或保持市場占有率，甚至是壟斷市場，以確定增加客源。這些企業雖然會因爲低價而生意興隆，但卻可能會因爲得不到應有的利潤，反而產生了虧損。

5. 價格需有穩定性

菜餚因季節性的變化，供需無法平衡，因此有旺季價及淡季價之分、時價或優惠價之分，雖然餐飲業可以依據市場的需求來調整價格的升降，但是不可過於頻繁，以免造成消費者的不便而降低消費意願，因此菜單價格仍需具有穩定性，雖然並非一成不變，但也不應該波動過大。

二、餐飲業菜單之定價策略

除了定價原則之外，餐飲業通常還會採行以下四種主要的定價策略，分別是：低價位策略、高價位策略、價格折扣策略，以及短期優惠策略。詳細說明如下：

1. 低價位策略

所謂低價位策略，是指當餐飲業開發一項新菜單的時候，就會將菜單價格定的低一點，目的是爲了讓消費者能夠快速的接受新產品，餐廳能迅速的打開和擴大市場，期望可以盡早在餐飲業中取得領先地位。

餐廳爲了促銷新品、提高知名度，或是出清存貨，就會把菜單價格降低，使消費者的接受度提高，市場占有率提升，達到薄利多銷的效果，這種方法便稱爲低價位策略（如圖10-3）。

圖10-3　熱炒店往往採低價位策略，提高其市場占有率

2. 高價位策略

接下來是高價位策略，會採取高價位策略的餐廳通常知名度高且產品獨特，具有絕對優勢，所以可以訂定高價位。當高級餐廳開發新產品時，會先將價格定得高高的，以謀取暴利，但當別的餐廳也推出類似菜單而顧客開始拒絕高價時再降價，高價位策略往往經歷一段時間後便要逐步降價。

這項策略運用於企業開發新產品時，需要的投資金額高，且產品獨特性大，競爭者難以模仿，目標顧客對價格敏感度小的場合。採取這種策略通常能在短期內獲取盡可能大的利潤，快速回收投資成本，例如：茹絲葵牛排館便是採用高價位的定價策略（如圖10-4）。茹絲葵牛排餐廳以供應美式風味牛排料理著稱，牛排只以鹽及胡椒提味，強調原味的鮮美，貨品來源每兩星期就全程零度冷藏眞空包裝空運來臺，肉品若超過三星期沒用完則丟棄，以確保品質，其商品的獨特性大，故可採用此高價位定價策略。

圖10-4　高價位策略能在短期內獲取盡可能大的利潤

3. 價格折扣策略

很多餐飲業者均會對「常客」跟「團體客人」給予折扣。在「常客折扣」方面，餐飲業者爲了鼓勵常客更頻繁地在店內用餐，經常用折扣價鼓勵客人多在店內用餐，例如：給予95折折扣、或者滿千送百……等。一般餐廳中的長期客群，在店內用餐的需求多是日常需求，而不是享受性需求，所以，他們不願意在餐廳中花費太多的金錢與時間，這個時候，餐飲業如果能提供常客折扣，就能更有效地吸引他們到店內消費（如圖10-5）。

圖10-5　餐飲業者會針對常客給予折扣

除此之外，為了促進銷售，餐飲業也經常對「團體客人」進行折扣，比如：旅遊團體用餐，價格就會比一般的散客優惠，因為團體客人的需求量大，且長久合作下來，客源也會比較穩定。

最後，還有一個「特殊時段價格優惠」。「特殊時段價格優惠」是餐飲業為了鼓勵客人在餐廳營業清淡的時刻前來光顧，通常會在特殊時段給予優惠價格，這種推銷手法對營業時間長的餐廳特別有效。許多此種類型的餐廳在下午二點之後的下午茶時段、或者晚上十點之後的宵夜時段，對於前來用餐的客人均會給予價格折扣，像是百元小炒店，就很適合在宵夜時段推出特殊時段價格優惠。

4. 短期優惠價格策略

「短期優惠價格策略」是指許多餐廳在開發新產品時，會暫時降低價格，使新產品迅速打入市場所採用的策略（如圖10-6）。「短期優惠價格策略」與前面所述的「低價位策略」有所不同，這項策略的操作手法是在產品的引進階段完成後就會提高價格。例如：許多餐飲業在開幕期間，均會有折價或是滿千送百的優惠價格活動，但等一段時間過後，便會慢慢地調回原價。

圖10-6　店家新開幕期間常採用短期優惠價格策略

三、餐飲業菜單之定價方法

餐飲業菜單的定價，除了考慮各項成本外，還需要考慮到顧客願意付出多少價格，所以經過成本分析定價後，還需要再以顧客的心理與需求作合理的修正，才可以完成一份合理的菜單價格，這才是正確的作法。根據顧客的心理以及需求，另有一些基本的餐飲業菜單定價方法，接下來將詳細介紹於下列各個小節。

1. 數字心理學定價法

雖然餐飲業菜單的定價是一連串的數字跟符號，卻會大幅度地影響消費者心理。在數字心理學定價法中，第一個要介紹的便是「吉祥數字定價法」。華人民族一向喜歡吉祥數字，而在所有數字裡，最吉祥的當然是「6」、「8」跟「9」了。數字「6」有順利的意思，數字「8」跟「9」則有發財跟永久的意思。所以在定價上很喜歡用這三個數字，例如：88，660……等，這就是「吉祥數字定價法」。

至於其他的「數字心理學定價法」，則有「整數定價法」、「尾數定價法」，跟「九九定價法」。接下來本小節將一一解釋。

(1)首先是「整數定價法」：在高價位的餐廳中，對菜單的定價方法常不計尾數，取整數代之，例如：一千元、兩千元……等。此種作法的原因主要有以下三點：

① 較爲恰當體面：比起帶尾數的價格，整數定價法較爲恰當體面。

② 符合追求品質的顧客心理：採用此定價法，會給消費者一種不計較差價的感覺，符合追求品質的顧客心理。

③ 結帳方便：帶尾數的數字有時會令消費者感到麻煩，整數定價法可方便餐廳進行結帳的工作。

(2)再來是「尾數定價法」：因爲帶尾數的價格會給消費者一種價格經過仔細核算的感覺，可滿足顧客追求實惠的心理，例如：冷菜每盤皆198元，熱炒每盤皆298元……等，因此「尾數定價法」亦是餐飲業——特別是平價餐廳——慣用的定價方法。

(3)最後是「九九定價法」：試想一下，當消費者看到價格是

99元，會覺得是90多元，但看到價格是101元便會覺得是100多元，這兩個價格給人一種價差很大的感覺，但實際上僅差兩元而已。因而定價時可將最後一位數字定作9，並將第一位數字定小一點，便稱爲「九九定價法」，也就是定價時盡量取低一級範圍內的高數字，就容易給消費者一種占到便宜的感覺（如圖10-7）。

圖10-7　九九定價法

2. 以需求為主的定價法

「以需求爲主的定價法」主要分爲：1.名氣高低定價法；2.促銷定價法；3.需求調查定價法；以及4.系列產品定價法等四種。

(1)名氣高低定價法：若餐廳的名氣高、環境好、服務好、食材品質好，那麼高層次的客源自然不請自來，菜單的定價當然也可以隨之提高（如圖10-8）。

名氣
促銷
需求
系列

圖10-8　名氣高低定價法

(2)促銷定價法：有些餐廳爲吸引消費者光臨，會將菜單部分產品的價格定低一點，目的是爲了運用促銷方式先將顧客吸引到餐廳來，但顧客來到餐廳後一定還會點其他的菜餚，這些產品就具有促銷的作用（如圖10-9）。

名氣
促銷
需求
系列

圖10-9　促銷定價法

(3)需求調查定價法：許多餐廳在進行菜單定價時，會先調查消費者可以接受的價格爲何，調查後再以顧客可以接受的價格爲起點，反向調整菜單的材料數量、配方與成本，使餐廳有利潤可得（如圖10-10）。

○○餐廳問卷調查表

為了解蒞臨本餐廳用餐顧客之寶貴意見，敬邀各位來訪貴賓對本表所列各項問題惠賜意見，管理部門將進行意見分析，並將分析結果作為督導與改進各項用餐環境及餐飲品質之參考，期透過您惠賜的意見，使本餐廳能提供更優質的服務，感謝您的參與。

一.基本資料

1.性別 □ a.男性 □ b.女性

2.年齡 □a.19歲以下 □b.20~29歲 □c.30~39歲 □d.40~49歲 □e.50~59歲 □f.60歲以上

3.請問您每次的消費費用大約是多少 a.500-1000元 □ b.1000-3000元 □ c.3000元以上

4.請問您每月平均消費次數 □ a.1~2次 □ b.3~4次 □ c.4次以上

5.請問您大多在什麼時間來此消費 □a.早上 □b.中、下午 □c.晚上 □d.平日 □e.週末例假日

以顧客可接受的價格為起點，再反向調整菜單材料數量、配方與成本，使餐廳有利潤可得。

圖10-10　需求調查定價法

(4)系列產品定價法：系列產品定價法有二種（如圖10-11）。

① 依份量定價：指將同系列產品分爲大份、中份及小份，根據份量的大小定出不同的價位，再持續進行計算與管理。

② 依客源定價：第二種則是將同一系列的菜餚，依據客源層次的不同再設計出不同的菜單價位。

3. 以競爭為主的定價法

以「競爭爲主的定價法」是一種著重於和同業間價格比較的方法，在此定價法下，主要有：高定價法、與同業同步定價法，

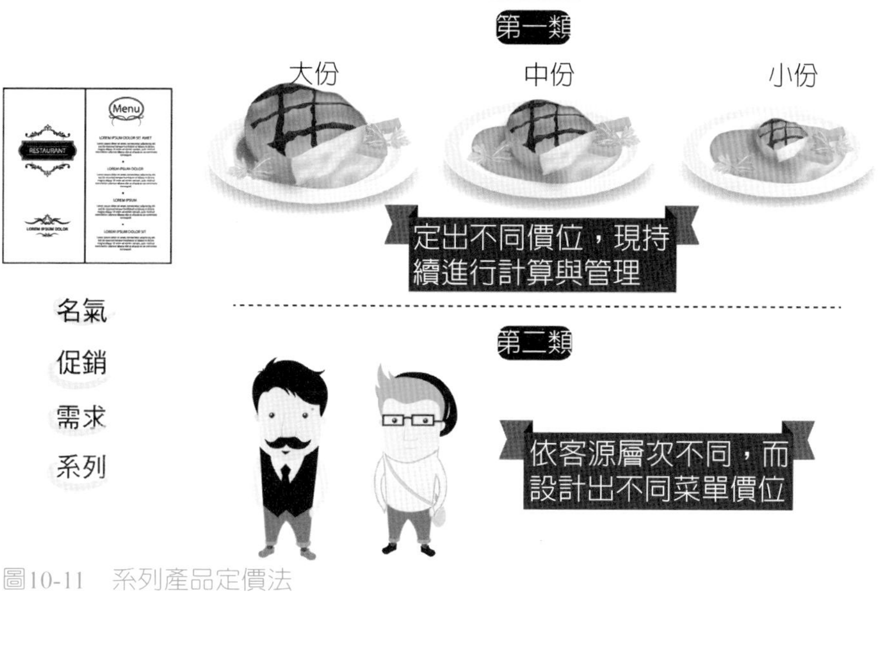

圖10-11　系列產品定價法

以及低定價法三種。

(1)高定價法：高定價法是指在同業競爭的類似產品上，總是定出高於競爭者的價格。這個定價法希望以品質來取勝，制定高價格的餐廳旨在提供完善的用餐環境、高品質的餐飲服務，以及口味甚佳的烹調（如圖10-12）。以高定價法制定的菜單是以整體產品的高品質來向顧客證明其價值，以贏得顧客的讚賞。

(2)與同業同步定價法：與同業同步定價法是大部分餐飲業會採用的方法，它是以追隨同行業中占有較大市場或影響最大的企業價格爲準，這是一種減少價格競爭的定價方法（如圖10-13）。大部分的企業主和管理人員，對於自己的定價經驗缺乏信心，而企業的資金和技術又不是很足夠，因此較明智的定價方法就是「與同業同步定價法」。

(3)低定價法：低定價法是指在同業競爭下、在同類產品中，

高定價法

在同業競爭之同類產品上，總是定出高於競爭者的價格

優點 鼓勵企業為提高品質，努力創新產品

圖10-12　高定價法

與同業同步定價法

大部分餐飲業採用之方法
以追隨同行業中占較大市場或影響最大之企業價格為準

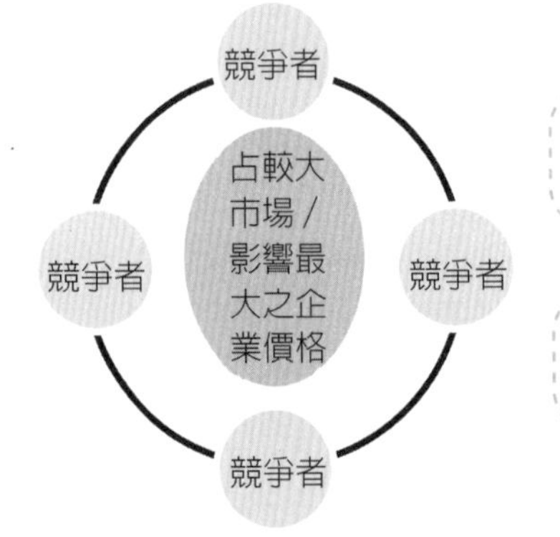

優點 可減少同行業間互相削價競爭而造成的損失

缺點 不利於保護消費者利益及促使行業進行

圖10-13　與同業同步定價法

總是定出低於競爭者的價格（如圖10-14）。該定價法力求以價格來取勝，制定低價格的餐廳旨在秉持薄利多銷的原則，以維持競爭力。

低定價法

在同業競爭之同類產品中，總是定出低於競爭者的價格

圖10-14　低定價法

測驗題

(　　) 1. 菜單定價，至少要依照下列哪些原則？

(A) 需要考慮經營利潤　　(B) 要能吸引消費者

(C) 定價要能反應產品　　(D) 以上皆是

(　　) 2. 除了上一題所提到的三個原則，菜單定價還可以依照哪些原則？

(A) 須考慮銷售狀況　　(B) 價格須有穩定性

(C) 以上皆是

(　　) 3. 菜單價格的穩定性可根據季節的不同而分成哪些價格？

(A) 淡、旺季價格　　(B) 時價

(C) 優惠單價　　(D) 以上皆是

(　) 4. 菜單定價的策略，主要可分為下列哪幾項？

(A) 高、低價格策略　　(B) 短期優惠策略

(C) 價格折扣策略　　(D) 以上皆是

(　) 5. 價格折扣策略，可分為下列哪些？

(A) 常客優惠　　(B) 團體客人優惠

(C) 特殊時段優惠　　(D) 以上皆是

(　) 6. 以下哪些是屬於數字心理學定價法？

(A) 1000元　　(B) 999元

(C) 666元　　(D) 以上皆是

(　) 7. 以需求為主的定價法，下列何者正確？

(A) 吉祥數字定價法　　(B) 短期優惠定價法

(C) 名氣高低定價法

(　) 8. 以競爭為主的定價法，下列何者正確？

(A) 特殊時段定價法　　(B) 需求調查定價法

(C) 九九定價法　　(D) 同業同步定價法

(　) 9. 制訂高價格的餐廳，通常以哪些項目取勝於低價格的餐廳？

(A) 用餐環境　　(B) 餐飲服務

(C) 烹調口未　　(D) 以上皆是

(　) 10. 採用同業同步定價法之所以安全是因為？

(A) 減少價格競爭　　(B) 缺乏定價經驗

(C) 缺乏資金技術　　(D) 以上皆是

(　　) 11. 本單元的教學目標有？（複選）

(A)指出餐飲業菜單之定價原則

(B)列舉餐飲業菜單之定價範圍

(C)列舉餐飲業菜單之定價方法

(D)指出餐飲業菜單之定價策略

(　　) 12. 以下哪些為數字心理學定價法？（複選）

(A)888元　(B) 485元

(C)360元　(D) 1000元

附錄 章後測驗題解答

第一章

1. (A、B、C) 2. (A、C、D) 3. (C) 4. (A、B、C) 5. (A) 6.(C)
7. (B、C) 8. (A、B、D) 9. (B、C、D) 10. (A) 11. (A、B、C)
12. (C) 13. (C) 14. (B) 15. (C) 16. (A、B、D、E) 17. (C) 18. (B)
19. (A)

第二章

1. (B) 2. (D) 3. (B) 4. (A) 5. (A、D) 6. (A、B、D) 7. (A)
8. (D) 9. (B) 10. (A、B)

第三章

1. (D) 2. (C) 3. (D) 4. (C) 5. (B) 6. (C) 7. (C) 8. (D) 9. (D)
10. (C) 11. (B、D) 12. (A、C、D)

第四章

1. (D) 2. (D) 3. (B) 4. (D) 5. (B) 6. (D) 7. (D) 8. (D) 9. (D)
10. (C) 11. (A、B、D) 12. (A、B、C)

第五章

1. (D) 2. (C) 3. (D) 4. (D) 5. (D) 6. (C) 7. (C) 8. (D) 9. (D)
10. (C) 11. (A、B) 12. (A、D)

第六章

1. (D) 2. (D) 3. (C) 4. (C) 5. (D) 6. (D) 7. (C) 8. (D) 9. (C)
10. (C) 11. (A、C、D) 12. (A、B)

第七章

1. (C) 2. (D) 3. (C) 4. (C) 5. (D) 6. (A) 7. (C) 8. (D) 9. (C)
10. (C) 11. (A、B) 12. (A、B)

第八章

1. (C)　2. (D)　3. (C)　4. (B)　5. (A)　6. (D)　7. (C)　8. (D)　9. (D)
10. (B)　11. (A、B、C)　12. (A、B、C)

第九章

1. (D)　2. (A)　3. (B)　4. (D)　5. (A)　6. (D)　7. (C)　8. (D)　9. (D)
10. (D)　11. (C、D)　12. (A、B)

第十章

1. (D)　2. (C)　3. (D)　4. (D)　5. (D)　6. (D)　7. (C)　8. (D)　9. (D)
10. (D)　11. (A、C、D)　12. (A、D)

參考文獻

1. 沈松茂（1980）。餐飲成本實務。新北市：中華民國餐飲學會。
2. 沈松茂（1996）。餐飲成本實務學。新北市：中國餐飲學會。
3. 萬光玲（1998）。餐飲成本控制。臺北市：百通圖書。
4. Robert C. Ford, Cherrill P. Heaton（2003）。餐旅服務業管理（楊芝湲、沈燕新譯）。臺北市：桂魯。
5. Jack D. Ninemeier（2009）。餐飲營運管理（林漢明、林智芳、陳國勝譯）。臺北市：鼎茂。
6. 吉田文和（2005）。餐飲店成功創業聖經：從獨立．開業到創造成功店鋪（蕭雲菁、許倩珮譯）。臺北市：臺灣東販。
7. 莊寶華（2008）。莊寶華教你用小本錢開早餐店。臺北市：膳書房出版。
8. 孫路弘（2009）。食品科技史與餐飲管理。臺北市：中華飲食文化基金會。
9. 蘇衍綸（2009）。餐飲管理專題：案例分析。臺北市：華都。
10. 黃智成（2010）。不花錢學餐飲創業。新北市：繁星多媒體。
11. Lea R. Dopson, David K. Hayes, Jack E. Miller（2011）。餐飲成本實務（江敏慧、洪麗珠、鄭淑鳳譯）。臺北市：桂魯。
12. John R. Walker（2011）。餐飲管理：理論與實務（林萬登譯）。臺北市：桂魯。
13. 柏野滿（2012）。超級店長必勝術（蕭雲菁譯）。臺北市：臺灣東販。
14. 郭德賓（2013）。餐飲創業管理。新北市：三藝文化。
15. 陳堯帝（2013）。餐飲管理。新北市：揚智文化。
16. 汪淑臺（2014）。餐飲管理。新北市：前程文化。
17. 蘇芳基（2014）。餐飲管理。新北市：揚智文化。
18. 李虹萱（2015）。餐飲管理。臺中市：華格那。
19. 青年創業及啓動金貸款專區-快速連結-經濟部中小企業處。

https://www.moeasmea.gov.tw/article-tw-2570-4238

20. 青年創業及啓動金貸款要點。

https://www.moeasmea.gov.tw/files/4238/8484944C-3420-4006-83AA-1BD27112C1A8

21. 青年創業及啓動金貸款要點-問與答。

https://www.moeasmea.gov.tw/files/4238/FCC8FECA-D8DF-4B1B-8AB1-0A45FCAA5BF1

22. 臺北市中小企業融資貸款-貸款介紹、實施要點。

https://www.easyloan.taipei/?md=index&cl=e financing&at=ef loan

23. 臺北市青年創業融資貸款實施要點。

https://www.easyloan.taipei/?md=index&cl=y financing&at=yf points

24. 新北市政府幸福創業微利貸款實施要點。

https://happy.eso.ntpc.net.tw/cht/index.php?code=list&ids=17

25. 高雄市政府中小企業商業貸款及策略性貸款實施要點。

https://outlaw.kcg.gov.tw/LawContent.aspx?id=GL001927

26. 1111創業加盟網：7成6青年創業興致高　以特色小吃最受青睞。

http://www.1111.com.tw/news/jobns/113401

Note

Note

國家圖書館出版品預行編目資料

餐飲創業成本控制與管理／鄭凱文著. ——三版. ——臺北市：五南圖書出版股份有限公司, 2022.08
面； 公分
ISBN 978-626-317-610-2（平裝）

1.餐飲管理 2.成本控制 3.創業

483.8 111001298

1LA9

餐飲創業成本控制與管理（第三版）

作　　者— 鄭凱文
出 版 者— 國立高雄餐旅大學（NKUHT Press）
發 行 人— 楊榮川
總 經 理— 楊士清
總 編 輯— 楊秀麗
副總編輯— 黃惠娟
責任編輯— 魯曉玟
封面設計— 姚孝慈
出版/發行— 五南圖書出版股份有限公司
地　　址：106台北市大安區和平東路二段339號4樓
電　　話：(02)2705-5066　傳　　真：(02)2706-6100
網　　址：https://www.wunan.com.tw
電子郵件：wunan@wunan.com.tw
劃撥帳號：01068953
戶　　名：五南圖書出版股份有限公司

法律顧問　林勝安律師

出版日期　2016年12月 初版一刷
　　　　　2020年11月 二版一刷
　　　　　2022年 8 月 三版一刷
　　　　　2024年 7 月 三版二刷

定　　價　新臺幣260元

本書經「國立高雄餐旅大學教學發展中心」學術審查通過出版

GPN：1010502531

經典永恆·名著常在

五十週年的獻禮——經典名著文庫

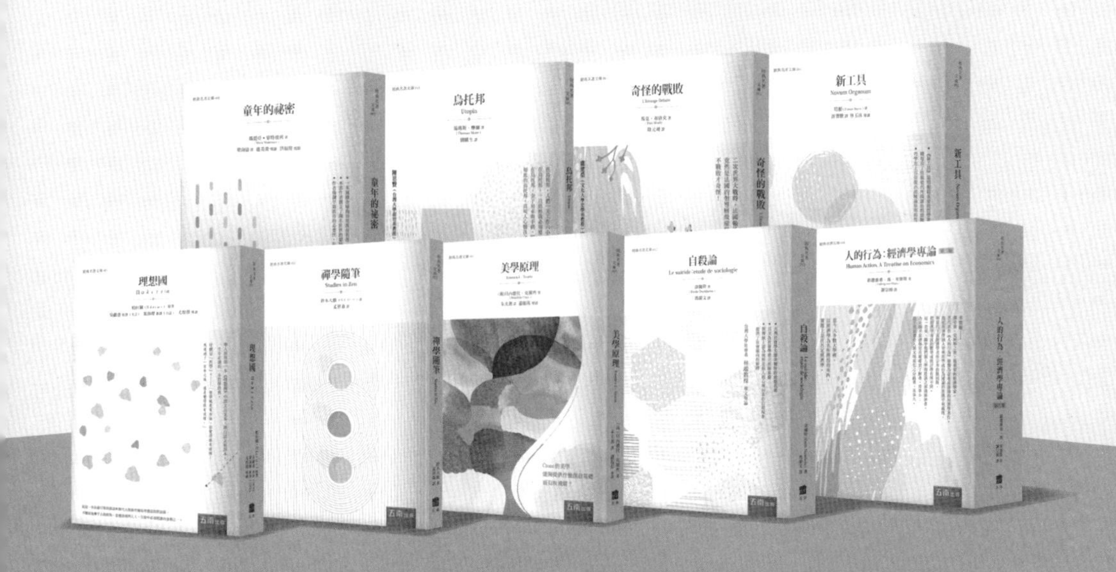

五南，五十年了，半個世紀，人生旅程的一大半，走過來了。
思索著，邁向百年的未來歷程，能為知識界、文化學術界作些什麼？
在速食文化的生態下，有什麼值得讓人雋永品味的？

歷代經典・當今名著，經過時間的洗禮，千錘百鍊，流傳至今，光芒耀人；
不僅使我們能領悟前人的智慧，同時也增深加廣我們思考的深度與視野。
我們決心投入巨資，有計畫的系統梳選，成立「經典名著文庫」，
希望收入古今中外思想性的、充滿睿智與獨見的經典、名著。
這是一項理想性的、永續性的巨大出版工程。
不在意讀者的眾寡，只考慮它的學術價值，力求完整展現先哲思想的軌跡；
為知識界開啟一片智慧之窗，營造一座百花綻放的世界文明公園，
任君遨遊、取菁吸蜜、嘉惠學子！